개념 잡는
비주얼
진화책

개념 잡는
비주얼
진화책

다윈에서 진화심리학까지
우리가 알아야 할 최소한의 진화 지식 50

니콜라스 배티, 마크 펠로즈 외 6인 지음
고중숙 옮김

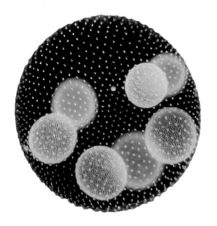

궁리
KungRee

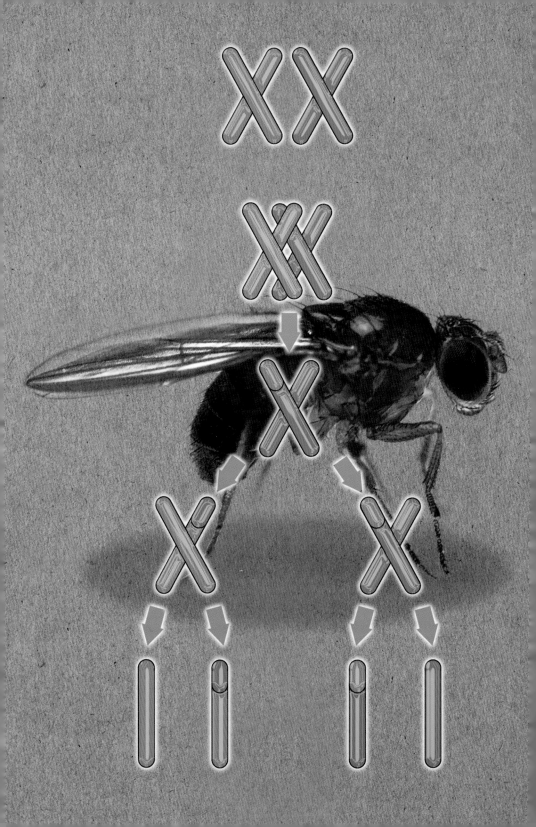

들어가기

니콜라스 배티(리딩대학교 식물개발학과 교수)
마크 펠로즈(리딩대학교 생태학 교수)

자연선택과 성선택의 얽힌 과정으로 전개된 진화는 지구상 모든 생명의 다양성과 연관성을 밝혀준다. 과학적 이해가 증진됨에 따라 진화에 대한 우리의 이해도 변화하고 발전할 것이다. 이런 면에서 진화는 분명 하나의 이론이지만 실제로는 훨씬 그 이상이다. 진화는 현대 생물학과 자연사의 근본적인 사고방식일 뿐 아니라 언어의 발달에서 종의 실질적 보존에 이르기까지 핵심 관념으로 작용한다.

진화는 또한 인류의 기원을 설명해준다. 하지만 이 때문에 일부의 종교적 주장들과 충돌하면서 다채로운 역사를 갖게 되었다. 찰스 다윈(Charles Darwin)이 쓴『종의 기원(On the Origin of Species)』은 격렬한 논쟁을 불러일으켰는데 대표적 예로는 '다윈의 불독'이라 불리면서 다윈의 진화론을 적극 옹호한 토머스 헉슬리(Thomas Huxley)와 대주교 새뮤얼 윌버포스(Samuel Wilberforce) 사이의 유명한 일화를 들 수 있다. 윌버포스가 "귀하의 원숭이 조상은 할아버지 쪽입니까 할머니 쪽입니까?"라고 묻자 헉슬리는 "뛰어난 능력과 지위를 조롱하는 데에 쓰는 사람보다는 차라리 원숭이의 후손이 되겠습니다"라고 답했다.

이런 사태는 근래에도 벌어지곤 한다. 사회생물학은 인간의 행동을 진화적 적응에 입각하여 설명하려는 분야인데 일부 분야로부터 호된 공격을 받아야 했다. 『이기적 유전자(The Selfish Gene)』라는 책으로 이름을 떨친 리처드 도킨스(Richard Dawkins)는 '이타심'을 '이기심'이라는 모순적인 관념을 통해 진화론적으로 설명함으로써 이 논쟁에 기름을 끼얹기도 했다. 또한 진화론에서 파생되어나온 우생학은 선택적 교배로 인종 개량을 꿈꾼다는 식의 어두운 면을 통해 나치의 인종주의자들에 의해 악용되기도 했다.

그런데 이런 현상들은 진화론이 인간과 관련될 경우에만 터져나오면서 그 의의를 왜곡해왔다는 점을 주목할 필요가 있다. 그렇지 않을 경우 진화론은 모든 생물의 다양성, 곧 식물, 동물, 균류, 세균(박테리아), 원생생물 전체를 설명하는 데 크게 기여해왔다. 그리하여 지금까지 알려진 870만 종에 이르는, 나아가 훨씬 더 많을지도 모르는 생명들에 대해 일관된 이해의 바탕을 제공하며, 집단 유전학이나 종분화와 멸종에 대한 지식을 통해 과거의 사건들을 설명할 뿐 아니라 미래의 전망을 제시하기도 한다. 이를 통해 우리는 모든 종들이 경이로운 진화의 능력에 의해 다시는 되풀이되지 않을 우연적 사건의 소산으로 표현되었다는 사실을 깨닫게 된다. 오늘날 우리 주위에서 얼마든지 목격할 수 있는 풍성한 생물의 다양성은 바로 진화가 자연선택과 성선택을 결합하여 수많은 생명들을 빚어내어 이룩한 결과이다.

생명의 진화에서 다른 무엇보다 중요한 요소는 시간이다. 하지만 진화와 관련된 시간 간격을 일상의 감각으로 헤아리기는 쉽지 않다. 우리는 대략 사람의 평균 수명이나 수많은 나라와 제국들의 흥망에 걸린 시간 간격 정도에 익숙하며, 더 길어봐야 고대 문명과 우리 사이의 수천 년 정도가 고작이다. 그러나 전형적인 진화의 시간 간격은 몇백만 년이 넘으며 수억 년에 이르기도 한다(인류는 700만 년 공룡의 일부 종들은 2억 년쯤의 세월이 걸렸다). 본문 8~9쪽의 그림은 앞으로 많이 언급될 지질 시대의 분류를 보여준다. 이에 따르면 좀 복잡한 형태의 생명은 5억 5,000만 년 전쯤의 캄브리아 폭발로부터 나타났는데, 그 이전에 지구가 태어난 이래 무려 40억 년이 넘는 세월은 생명의 형성에 필수적인 RNA, DNA, 단백질, 세포 등의 기본적인 요소들을 갖추는 데 소요되었다. 이 그림은 주로 동물의 진화를 보여주지만 식물도 함께 진화해왔음을 잊어서는 안 된다. 예컨대 석탄기에는 석송류, 양치류, 속새류 등이 방대한 숲을 이루었고, 백악기에는 태반을 가진 포유류와 함께 꽃을 피우는 속씨식물이 번창했다.

하지만 그렇다고 진화가 이런 보조로 진행된다는 것은 아니며, 진화의 대규모적 모습이 대략 이와 같다는 뜻이다. 마치 산맥들도 거대한 지각 변동에 의해 끊임없이 생성되고 침식되듯 진화의 과정도 계속적으로 작용하지만 우리는 오랜 세월이 빚어낸 결과들만 보는 셈이다. 사실 자연선택은 주변에서 항상 일상적으로 관찰된다. 항생제와 살충제에 저항하도록 진화된 세균과 곤충은 잘 알려진 예들이다. 이 밖에 갈라파고스핀치와 광대파리 등 자연선택이 생활의 일부임을 보여주는 예들이 많이 있으며, 충분한 시간이 지나면 이를 통해 새로운 종이 나타날 수도 있다. 그러나 진화와 나란히 멸종도 진행되는데, 특히 근래에 인류가 생태계에 끼치는 악영향을 고려하면 진화의 창조성이 생물다양성의 파괴를 따라잡을 수 없으리라는 점은 명확해 보인다.

여기서 우리는 진화를 일곱 가지의 다른 시각에서 보는 전략을 취한다. 〈진화의 역사〉에서는 종의 기원에 대해 자연선택을 이용한 다윈의 설명에서 출발하여, 유전자가 유전의 항상성과 개체의 가변성이라는 양면적 기능을 한다는 현대의 이론이 어떻게 도출되었는지 살펴본다. 〈종의 기원〉에서는 종분화와 그 유전적 기초에 대한 현대적 관점을 서술한다. 〈자연선택〉에서는 개체군 속에서 유전자가 어찌 행동하며 진화의 압력에 개체군이 어찌 대응하는지 알아본다. 〈진화적 역사와 멸종〉에서는 지질학적 기록이 생명의 역사에 대해 무엇

지질 시대

대(代)	고생대								중생대
기(紀)					석탄기				
세(世)	캄브리아기	오르도비스기	실루리아기	데본기	미시시피기	펜실베이니아기	페름기		트라이아스기
	해양 무척추동물 시대		어류 시대		양서류 시대				파충류 시대
	545	505	438	408	360	320	286		245

100만 년 전

중생대		신생대						
		고제3기			신제3기		제4기	
쥐라기	백악기	팔레오세	에오세	올리고세	마이오세	플라이오세	플라이스토세	홀로세(~현재)
파충류 시대		포유류 시대				사람과(科)		
208	144	66.4	57.8	36.6	23.7	5.3	1.6	10,000년

100만 년 전

을 알려주는지에 초점을 맞춘다. 〈진행 중인 진화〉에서는 나방의 산업적 흑화와 겉보기로는 비다윈적인 이타심 등의 예를 설명하면서 진화의 구체적 과정을 파헤친다. 〈성과 죽음〉에서는 성을 통해 대립 형질이 교환될 수 있고 죽음은 유전자형을 골라내는 기능을 한다는 점을 유의하면서 이 중요한 두 현상이 진화의 틀 안에서 어떻게 작용하는지 살펴본다. 그리고 마지막의 〈인간과 진화〉에서는 인류가 어떻게 진화해왔는지 알아보고, 어쩌면 역설적으로 자연선택을 벗어날지도 모를 앞날의 진화 과정을 전망해본다.

사실 진화적 사고 자체가 진화를 거듭해왔으며 오늘날에는 거의 삶의 모든 영역에 스며들고 있다. 따라서 그 넓은 범위를 파악하는 데 도움을 주기 위해 이 책의 각 주제는 간결한 '3초 준비'로 시작하고, 이어서 조금 깊이 생각하도록 '3분 생각'을 제시한다. 이는 통상적인 서술과 비교할 때 약간의 돌연변이로 여길 수 있는데, 유전자처럼 충실하게 복제되지는 않겠지만, 마치 이심전심처럼 전해지는 관념 복합체의 전달자로 기능할 것이다.

끝으로 독자들에 대한 우리의 바람은 이렇다. 일단 맛보고, 즐긴 다음, 더욱 깊은 탐구로 나서자! 삶은 우리를 기다린다!

차례

진화의 역사

진화의 역사
용어해설

계(界) 처음에는 동물계, 식물계, 광물계와 같이 자연계 전체를 분류할 때의 최상위 용어로 쓰였지만 현재는 생물의 분류학에서 역(域, domain)과 문(門, phylum) 사이의 단계를 가리킨다. 계는 동물계, 식물계, 균계, 원생생물계, 원핵생물계로 나누는데, 원핵생물계는 다시 세균계와 고세균계로 나누기도 한다.

단속평형(설) 생물은 오랫동안 약간의 진화를 하다가 때가 되면 단기간에 빠르게 진화하여 새로운 종으로 나뉜다는 이론. 미국의 생물학자 스티븐 제이 굴드(Stephen Jay Gould, 1941~2002)가 대표자인데, 점진적인 변화가 누적되어 새로운 종이 나타난다고 보는 계통점진설(phyletic gradualism)의 가장 유력한 대안 이론이다.

돌변 대규모의 돌연변이에 의해 새로운 종이 즉각 출현할 수 있다고 보는 이론(saltation의 기본 의미는 '도약'이다). 때로 단속평형설과 혼동되지만 단속평형설에서 말하는 급격한 변화는 대개 수천에서 수만 년이 걸리므로 돌변에 비하면 아주 긴 기간의 변화이다.

린네 분류(법) 스웨덴의 식물학자 칼 린네(Carl Linnaeus, 1707~1778)가 제시한 생물의 분류 체계. 이후 상당한 개선을 거쳐 현재는 생명(生命, life) – 역(域, domain) – 계(界, kingdom) – 문(門, phylum) – 강(綱, class) – 목(目, order) – 과(科, family) – 속(屬, genus) – 종(種, species)으로 나눈다.

배우자 유성생식의 수정 과정에서 함께 융합하는 생식세포들로서 정자와 난자를 가리킨다.

분류(학) 생물학에서의 생물들처럼 수많은 대상을 적절한 원리나 특징에 따라 여러 단계와 집단으로 나누는 일.

상동 생물체의 기관이나 부위의 구조나 기능이 서로 닮은 현상. 성이나 종이 다른 생물들 사이에서 관찰되며, 유전적으로 공통의 조상이 있음을 시사해준다. 이 개념은 기관은 물론 유전자와 관련해서도 쓰인다.

생물다양성 어떤 환경에 살고 있는 동물과 식물의 범주. 흔히 서로 다른 종의 수를 뜻한다.

신의 창조/창조론 지구는 물론 우주 전체와 모든 생명이 초자연적인 유일신 또는 여러 신들에 의해 처음부터 현재의 모습으로 창조되었다고 보는 믿음으로서 자연적인 과정에 의해 진화되어왔다는 논리를 거부한다.

우생학 유전적으로 우수한 후손을 선별하여 종의 개량을 추구하는 학문. 이를 제창한 영국의 석학이자 인류학자인 프랜시스 골턴(Francis Galton, 1822~1911)은 "우수한 사람들이 나타날 조건들에 대한 …… 연구"라고 정의했다.

유전 생물이 자신의 특성을 후손에게 물려주는 유전적 과정으로, 이를 연구하는 분야가 유전학(genetics)이다.

유전적 부동 특정 유전자의 출현 빈도가 선택이 아닌 임의적 과정에 의해 변동하는 현상.

유전형 각 세포나 유기체의 특성을 결정하는 유전정보의 집합으로 상동염색체의 변형들을 포함한다. 때로 표현형(phenotype)과 대비되는 용어로 쓰인다.

적응/적자/적성 주어진 조건들에 잘 부합하는 과정/개체/특성. 진화론에서 '적자생존'은 가장 잘 적응한 개체들이 살아남아 유전자를 물려주는 현상을 뜻한다.

정체 일반적으로 활동이 약한 상태를 뜻하며, 단속평형설에서는 진화적 변화가 적은 기간을 가리킨다.

종 생물의 분류 체계에서 가장 아래에 있는 단계. 전통적으로 교배 가능성을 토대로 나누었지만 현대적 용법은 이와 꼭 일치하지 않는다. 예컨대 호모 사피언스(Homo sapiens)처럼 쓰는 종래의 이명법에서 뒤의 단어가 종을 나타내는데, 동물계는 그 아래 단계인 아종(亞種, subspecies)을 가질 수 있고, 다른 계들은 더욱 낮은 단계까지 갖기도 한다.

지질학적 세(世)/기(紀)/대(代) 지질학에서 지구의 역사를 나누는 데 쓰이는 이름. 대는 14 가지가 있으며 기간은 수억 년 정도인데, 대는 기로 나누고 기는 다시 세로 나눈다. 이 가운데 기는 백악기, 쥐라기, 실루리아기, 캄브리아기 등을 통해 가장 잘 알려진 이름으로 보인다.

표현형 각 생물체의 겉으로 드러난 형질들의 집합. 때로 세포나 기관에 들어 있는 유전정보의 총체를 뜻하는 유전형에 대비되는 용어로 쓰인다.

진화론 이전

BEFORE EVOLUTION

3초 인물 소개
존 레이
1627~1702
영국의 박물학자이자 초기 분류학자.

칼 린네
1707~1778
현대적 분류법의 시조인 스웨덴의 식물학자.

조르주 뷔퐁
1707~1788
『자연사』 전집을 저술한 프랑스의 박물학자.

'자연사의 아버지'라고 불리는 존 레이는 세계에 신성한 질서가 있다고 보았다. 모든 생물은 신의 계획에 따라 설계되었다. 그래서 딱따구리는 나무를 오르는 데 편리한 짧고도 강한 다리를 가졌고, 잎은 열매는 물론 식물 전체에 넝쿨을 물 수액을 만드는 데 아주 적합하다. 인간은 이런 계획을 깨달음으로써 창조주에 가까이 다가갈 수 있고 그의 지혜를 한층 깊이 음미하게 된다. 이 같은 견해를 전적으로 지지하는 사람들 중에는 현대적 생물분류법의 시조인 린네도 포함된다. 하지만 프랑스의 박물학자 조르주 뷔퐁처럼 반대하는 사람도 있는데, 그는 지구의 역사가 성경의 창세기를 토대로 계산한 6,000년보다 훨씬 오래되었다고 보았다. 그에 따르면 행성들은 태양으로부터 떨어져나와 차츰 냉각되면서 만들어졌고, 종들이 자연적으로 생성되었으리라는 점을 고려하면 지구의 역사를 7만 년쯤으로 추정된다. 하지만 뷔퐁 같은 사람들은 예외적이었다. 그래서 19세기 초에 이르도록 사람들은 모든 생물이 창조되었을 때의 모습 그대로 살아간다고 믿었다.

30초 저자
니콜라스 배티

3초 준비
일반적 견해에 따르면 종은 고정된 것 같으며, 『성경』에 따르면 신에 의해 만들어졌다고 한다.

3분 생각
종이 고정되었다고 보는 생각은 그다지 어리석다고 할 수 없다. 자연계에서 보는 종은 때로 기능으로나 행동으로나 아주 잘 설계된 것 같고, 변화를 겪는다는 게 분명하지 않기 때문이다. 사실 태양이 지구를 돈다는 명백한 상식을 깨뜨리는 데 아주 오랜 세월이 걸렸다. 마찬가지로 종이 진화한다는 생각도 상식에 반했기에 격렬한 저항에 부딪혔다. 과학에는 상식을 뒤엎는 습관이 있는 것 같다.

많은 사람들은 우주를 보면서 신성한 창조주의 우미한 손길을 느낀다.

변성과 원형

TRANSMUTATION & ARCHETYPES

3초 인물 소개
요한 볼프강 폰 괴테
1749~1832
독일의 문호로 식물의 변태
에 관심을 갖고 탐구했다.

조르주 퀴비에
1769~1832
프랑스의 박물학자로 파
리의 국립자연사박물관에
서 연구했다.

리처드 오언
1804~1892
영국의 해부학자로 런던
의 국립자연사박물관을
설립했다.

19세기 전반 동안 종의 본질과 기원에 관해 다양한 아이디어들이 제기되었는데, 프랑스에서는 지도적인 두 동물학자가 대립했다. 라마르크(Jean-Baptiste Lamarck, 1744~1829)는 생물이 변성을 일으켜 다른 종으로 바뀌나고 구깽졌지만 퀴비에는 불가능하다고 보았다. 한편 독일의 문호 괴테는 '청사진'이란 뜻의 더욱 이상적인 관점을 제시하여 생물의 변화와 발달에 대한 토대로 삼았다. 영국의 리처드 오언은 1848년 이처럼 이질적인 주장들을 한데 엮어 '원형', 구체적으로 척추동물의 원형이라는 개념을 내놓았다. 이를테면 이는 신이 전 세계의 척추동물을 다양하게 만들어내는 데에 썼던 기본 형태라는 아이디어로서, 인간은 그 최종적이고도 가장 완전에 가까운 종으로 간주되었다. 따라서 원형은 조물주에 의해서도 쓰였지만 주제와 변주라는 관계를 암시한다는 점에서 종의 변화를 허용하기도 한다. 그러므로 어떤 의미에서 이는 10년 뒤 다윈이 내놓은 진화론의 터를 닦은 셈이다. 그러나 오언의 원형은 철학의 이상주의와 연결되었기에 다른 과학자들에게는 별다른 영향을 주지 못했다. 나중에 다윈의 가장 강력한 지지자가 된 헉슬리는 오언의 최대 맞수로서 "원형은 현대 과학의 정신에 근본적으로 어긋난다"라고 공격했다. 하지만 어쨌든 다윈은 나중에 오언의 이상적인 원형을 현실적인 조상으로 바꾸어 자신의 진화론을 펼쳤다.

30초 저자
니콜라스 배티

3초 준비
다윈 이전의 원형은 다윈 이후 조상으로 바뀌었다.

3분 생각
박쥐와 두더지와 돌고래는 아주 다른 포유류로 보이지만 그 날개와 앞발과 가슴지느러미의 뼈는 서로 닮았고 이를 '상동성'이라 부른다. 반면 박쥐와 새의 날개처럼 해부학적 구조는 다르지만 기능은 비슷하다는 점은 '상사성'이라 부른다. 이런 구별은 리처드 오언이 처음 제시했는데, 그는 또한 원형이라는 관념도 소중히 여겼다. 이후 진화론의 물결에 원형의 관념은 허물어졌지만 상동과 상사의 구별은 항구적인 유산으로 전해진다.

원형 이론을 제창한 리처드 오언의 초상.

변이와 선택

『종의 기원』에서 다윈은 집에서 기르는 동식물의 변종에 대한 이야기로 시작한다. 그는 언젠가 비둘기 기르기를 택했고 런던의 비둘기 클럽 두 군데에 가입했는데, 이 과정에서 그는 비둘기 품종의 다양성이 놀라울 정도임을 목격했다. 그런데 더욱 놀랍게도 다윈은 그 많은 품종들이 지중해비둘기(Columba livia)라는 단 하나의 야생종으로부터 유래했다는 점을 밝혀냈다. 과연 이런 일이 어떻게 일어났을까? 야생의 비둘기를 길들이는 과정에서 사람들은 특별한 개체를 선택하는데, 열쇠는 바로 누적적 선택을 할 수 있는 인간의 능력이다. 다시 말해서 자연의 개체들에는 연속적인 변이가 존재하는데, 사람은 자신에게 유익한 변종을 택해 특정한 방향으로 그 변이를 축적해간다는 뜻이다. 하지만 자연에서는 사람이 아니라 자연이 선택한다. 한정된 자원을 두고 경쟁하는 과정에서 적응을 가장 잘한 개체들이 번성하게 되며, 이는 곧 그런 개체들이 선택된다는 뜻이다. 그리하여 결국에는 변화된 환경에 적합한 새로운 종이 나타나게 된다. 이러한 자연선택이 다윈 진화론의 결정적인 아이디어로서, 진화의 진정한 원동력이다.

관련 주제
현대적 융화
31쪽

적응에서 종분화로
51쪽

선택의 방식
71쪽

3초 인물 소개
찰스 다윈
1809~1892
영국의 박물학자로 1858년 자연선택에 의한 진화론을 제창했으며 1859년에 『종의 기원』을 발간하여 이 이론을 자세히 밝혔다.

앨프리드 러셀 월리스
1823~1913
영국의 박물학자로 다윈과 함께 자연선택에 의한 진화론을 내세웠다.

30초 저자
니콜라스 배티

3초 준비
다윈 진화론의 핵심에는 변이가 선택에 의해 촉진될 수 있다는 생각이 자리잡고 있다.

3분 생각
다윈은 자신의 이론이 부딪힐 저항을 예상했으며, 특히 창조의 계획이란 관념을 고수하는 원숙한 박물학자들 사이에서 더욱 그러하리라고 보았다. 따라서 그는 편견이 덜한 젊은 세대들에게 희망을 품었고, 그들은 사실에 입각하여 성공적인 설명을 제시하는 이론을 잘 받아들일 것이라고 여겼다. 물론 여전히 대답할 수 없는 문제들이 남아 있었지만 다윈의 낙관론은 타당했던 것으로 보인다. 하지만 그럼에도 자연선택의 관념이 완전히 인정되는 데에는 약 80년의 세월이 걸렸다.

다윈은 인공선택의 다른 형태, 곧 자연선택이 야생에서 작용함을 깨달았다.

1809년 2월 12일
영국 슈루스베리에서 출생

1831년
케임브리지대학교를 졸업하다

1831년 12월 27일
플리머스에서
비글호 항해를 시작하다

1835년 9월 15일
남아메리카의
갈라파고스제도에 도착하다

1836년 10월 2일
비글호가 영국의 팰머스로
귀환하다

1839년 1월 24일
영국 왕립학회 회원으로
선출되다

1839년 1월 29일
사촌인 엠마 웨지우드와
결혼했고 1839~1856년까지
10명의 자녀를 낳다

1858년 6월 18일
앨프리드 러셀 월리스로부터
자연선택에 대한 논문을 받다

1858년 7월 1일
다윈과 월리스는 공동 논문을
린네학회에 제출하다

1859년 11월 24일
『종의 기원』을 발간하다

1860년 6월 30일
옥스퍼드의 자연사박물관에서
진화에 대한 논쟁이 벌어지다

1871년 2월 24일
『인간의 계보』를 발간하다

1882년 4월 19일
켄트의 다운 하우스에서
심장병으로 사망

2002년
BBC가 영국의 100대 위인을
투표로 선정했을 때
과학자로서는 최고인 4위에
오르다

찰스 다윈

찰스 다윈의 가족은 다윈이 의사가 되기를 바라면서 에든버러의 의과대학으로 보냈다. 하지만 평범하게 2년을 보낸 뒤 신학을 전공하여 목사가 되기로 진로를 바꾸어 케임브리지대학교로 옮겼다. 그런데 딱정벌레 수집에 흥미를 느끼고 식물학 교수 존 헨슬로(John Henslow, 1796~1861)와 가까이 지내면서 신학 공부에서도 멀어져갔다.

케임브리지에서 마지막 학기를 보낼 때 다윈은 지질학 과목을 수강했다. 그런데 이 무렵 헨슬로는 다윈에게 어떤 항해에 따라 나설 것을 추천했고 이는 다윈의 생애에 극적인 전환점이 되었다. 그 항해는 영국의 군함 HMS 비글(HMS Beagle)호가 남아메리카의 해안선 지도를 작성하는 임무를 띠고 나서는 것으로서 함장은 로버트 피츠로이(Robert FitzRoy, 1805~1865)였다. 다윈은 오스트레일리아와 케이프를 거쳐 돌아오는 5년 동안 계속된 이 항해에서 지질학적 탐사를 하느라 가장 바빴겠지만 수많은 동식물의 표본도 채집하고 플랑크톤에서 매머드 뼈의 화석까지 많은 연구를 수행했다.

그런데 결과적으로 후일의 진화론에 가장 중요한 것은 갈라파고스제도에서 얻어졌다. 다윈은 그곳의 섬들마다 새와 거북들이 독특한 변이를 보인다는 점에 주목하면서 동물의 종이 고정되어 있다는 창조론의 주장에 의문을 품게 되었다. 하지만 항해를 마치고 돌아온 뒤에는 다른 일들 때문에 뒷전으로 밀려났다. 그러나 이듬해에 다윈은 그동안의 생각을 정리하여 종이 변화할 수 있으며 후손들은 새로 나타난 종으로부터 가지를 뻗어나아간다는 등의 기록을 남겼다.

다윈은 자신의 연구를 출판하는 데에 서둘지 않았다. 하지만 비글호의 항해가 끝난 지 22년이 지난 후 앨프리드 러셀 월리스로부터 자연선택에 대한 논문을 받아본 뒤에는 태도를 바꾸었다. 그 무렵 다윈은 이에 대한 책을 쓰고 있었는데 월리스의 논문에도 거의 같은 이론의 요체가 제시되어 있었다. 엄밀히 말하면 월리스는 우선권을 주장할 수도 있었으나 이를 고집하지 않고 자신의 논문을 다윈과 공동으로 발표하는 데 동의하여 1858년 7월 린네학회에 제출되었다. 하지만 이듬해 나온 다윈의 책과 달리 이 논문은 별다른 주목을 받지 못했다. 다윈의『종의 기원』은 나오자마자 폭발적인 반응 속에 곧바로 매진되었는데, 그 제목을 정식으로 풀어쓰면 다음과 같다.『자연선택에 의한 종의 기원 또는 생존경쟁에서 선호되는 품종의 보존에 대하여』. 이후 다윈은 1871년 다음의 제목으로 새로운 책을 펴내 인간도 진화론의 구도 속에 포함시켰다.『인간의 계보와 성 관련 선택』.

다윈은 다른 책들도 펴냈지만 그의 역사적 지위는 주로 오늘날에도 너무나 필수적인 그의 진화론을 통해 얻어졌다. 그는 1882년 켄트의 자택에서 숨을 거두었다.

멘델의 재발견

THE REDISCOVERY OF MENDEL

30초 저자
니콜라스 배티

3초 인물 소개

그레고어 멘델
1882~1884
유전 법칙을 발견한 오스트리아의 수도사.

윌리엄 베이트슨
1861~1926
영국의 생물학자. 멘델을 지지했고 1905년에 '유전학(genetics)'이라는 단어를 처음 사용했다.

칼 폰 내겔리
1817~1891
스위스의 식물학자. 멘델에게 조언을 주었지만 거의 도움이 되지 못했다.

자연선택의 직접적 결과인 형질의 변이는 다윈 이론의 열쇠이다. 하지만 이것이 어떻게 초래되고 또 어떻게 유전될까? 이에 대한 탐구는 수십 년이 걸렸는데, 중요한 단계는 그레고어 멘델이 수행했다. 그는 완두콩에서 키가 크거나 작거나 하는 것처럼 서로 잘 구별되는 형질이 후손에게 일관성 있게 전달된다는 점을 발견했다. 완두콩은 서로 대립적인 형질을 부모의 한쪽으로부터 물려받는데, 예컨대 매끄러운 껍질이 주름진 껍질을 지배하는 데에서 알 수 있듯, 자식은 어느 한쪽의 형질만 나타낸다. 멘델의 연구는 1866년에 출판되었지만 1900년이 되도록 무시되었다. 이 무렵 학자들 사이에서는 자연선택으로 작은 변이들이 누적되어 진화가 이루어진다기보다 어느 순간에 커다란 돌변이 일어나 새로운 종의 기원이 된다는 이론이 제기되고 있었다. 이 '돌변론자'들은 멘델의 연구를 보고 진화에 대한 자신들의 아이디어를 지지하는 증거로 받아들였다. 이는 1859년 『종의 기원』을 통해 공통의 조상으로부터 진화가 이루어진다는 다윈의 생각이 빠르게 받아들여진다는 사실과 함께 자연선택이라는 중요한 원리가 도전을 받게 되었다는 점도 의미한다. 하지만 멘델의 법칙이 다윈의 이론과 양립할 수 있다는 점이 밝혀진 것은 1930년대에 들어서의 일이었다.

3초 준비
다윈은 변이의 중요성을 깨달았지만 변이로 얻어진 개체의 형질이 어떻게 후손에게 전해지는지를 밝혀준 사람은 멘델이었다.

3분 생각
과학자로서는 아마추어인 멘델은 자신이 관심을 가진 형질들의 순종을 낳는 특성을 가진 완두콩을 선택했으며 체계적인 연구를 거쳐 명료한 결과를 얻어냈다. 그는 이를 전문 과학자인 칼 폰 내겔리에게 알렸지만 내겔리의 조언은 비판적이었을 뿐 아니라 별 도움도 되지 못했다. 내겔리는 조팝나무로 연구할 것을 제안했는데, 그 수컷은 다음 세대에 거의 아무런 영향을 주지 않는다는 특이한 성질이 가졌기 때문이었다. 이에 따라 멘델은 자신의 연구결과를 일반화하지 못했고, 널리 인정받지 못한 채 세상을 떴다.

멘델은 수학에도 조예가 있어서 그 지식을 통해 자신의 연구결과를 명료하게 발표할 수 있었다.

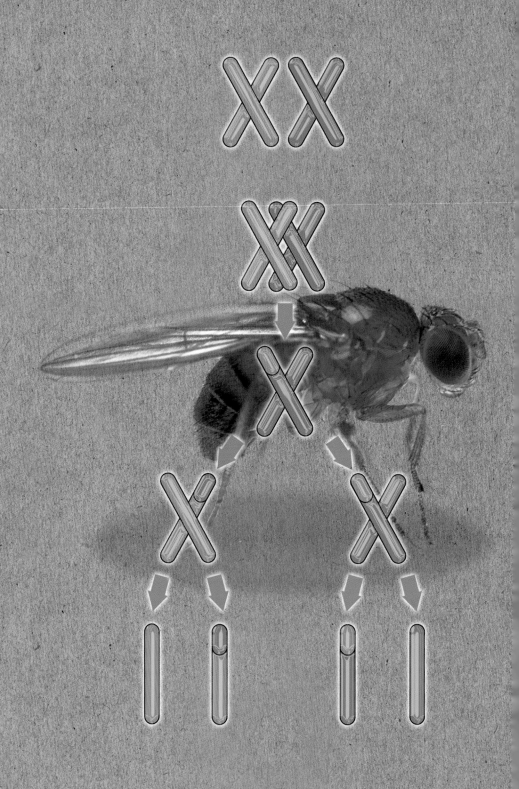

개체군 속 유전자의 이해

UNDERSTANDING GENES IN POPULATIONS

30초 저자
니콜라스 배티

관련 주제
멘델의 재발견
2/쪽

유전자
63쪽

유전적 변이
67쪽

3초 인물 소개
토머스 모건
1866~1945
미국 유전학의 선구자로
유전의 물질적 근거를 밝
힌 핵심 인물이 되었다.

로널드 피셔
1890~1962
영국의 수학자로 1930년
의 저서 『자연선택의 유
전학적 이론』에는 자연선
택이 개체군 속 유전자에
미치는 영향이 실려 있다.

1900년 멘델의 연구가 재발견된 뒤 미국의 토머스 모건이 이끄는 한 무리의 학자들에 의해 유전학은 큰 발전을 이루었다. 학명이 *Drosophila melanogaster*인 초파리를 이용한 연구를 통해 이들은 염색체에 있는 '유전자(gene)'라고 부르는 부분이 유전의 기본 단위임을 밝혔던 것이다. 수컷과 암컷 배우자, 곧 정자와 난자가 만들어질 때 염색체의 행동을 보면 그 각각에 부모의 형질이 혼합되어 들어감을 알 수 있다. 이는 바로 멘델이 묘사했던 선별적 유전에 대한 물질적 근거였으며, 이에 의해 후손들은 명료한 법칙에 따라 각각의 형질을 나타낸다. 이 연구진은 또한 유전자의 교차와 재조합의 원리도 분석했고, 새로운 형질이 이러한 돌연변이들에 의해 유전자에 반영된다는 사실을 규명했다. 이처럼 모건의 연구는 유전의 물질적 근거를 파헤친 것이었고, 이 업적으로 그는 1933년에 노벨 생리의학상을 받았다. 한편 로널드 피셔(Ronald Fisher, 1890~1962), 존 홀데인(John Haldane, 1892~1964), 시월 라이트(Sewall Wright, 1889~1988)는 개체군 속 유전자의 행동을 수학적으로 분석하여 멘델의 법칙이 다윈의 자연선택과 양립할 수 있음을 보였다. 수많은 유전자들이 멘델의 법칙에 따라 함께 작용하거나 분리되는 과정을 통해 대규모의 변화라기보다는 거의 연속적이라 할 수 있는 작은 변화들의 누적으로 인해 나타나는 형질들도 많다는 사실이 드러났던 것이었다. 이러한 정량적 접근법은 유전학과 진화론을 연결해주는 다리의 역할을 했다.

**토머스 모건은
초파리의 연구를 통해
유전자의 행동 방식과
돌연변이의 핵심적
역할을 밝혔다.**

3초 준비
정량유전학(quantitative genetics)은 자연선택에 의한 진화의 확고한 근거를 제공한다.

3분 생각
토머스 모건은 단호했다. 1905년 그는 종의 기원에 대한 다윈의 이론을 부정하면서 새로운 종은 태어날 뿐 다윈의 원리에 따라 생성되지 않는다고 말했다. 모건에 따르면 자연선택은 종의 기원과 무관하고 종은 오직 이미 형성된 종의 생존에 좌우된다. 이 무렵 모건은 종이 돌변이라는 대규모의 변화에 의해 출현한다는 생각을 가졌다. 하지만 이후 실험적 증거들이 누적됨에 따라 견해를 바꾸어 다윈의 자연선택 이론을 다시 받아들였다.

현대적 융화

THE MODERN SYNTHESIS

관련 주제

개체군 속 유전자의 이해
29쪽

논쟁들
33쪽

진화의 속도와 멸종
89쪽

3초 인물 소개

테오도시우스 도브잔스키
1900~1975
우크라이나 출생의 미국
유전학자로 현대적인 진
화론의 융화를 이루는 데
에 기여했다.

줄리언 헉슬리
1887~1975
영국의 동물학자, 우생학
자, 야생동물 보호론자.

시월 라이트
1889~1988
미국의 유전학자로 진화
우생학의 선구자.

30초 저자
니콜라스 배티

3초 준비
다윈의 이론은 진화생물
학과 유전학의 융화에 의
해 광범위한 지지를 받게
되었다.

3분 생각
진화는 진보적인가? 헉슬
리는 다음과 같이 답했다.
"진보라고 불러도 마땅
한 일반적 과정이 존재함
을 보이고 그 한계를 규정
한 점은 진화생물학이 인
류의 사고에 기여한 근본
적 공로로 남을 것이다."
홀데인은 1932년의 저서
『진화의 원인』에서 이와
견해를 달리했다. "진화
에서 진보를 들먹이는 순
간 우리는 이미 상대적으
로 굳건한 과학의 객관성
으로부터 인간적 가치들
의 혼란스런 늪으로 빠져
든다." 진화에 대한 논쟁
은 이처럼 인간적 가치들
을 둘러싸고 벌어진다.

'현대적 융화'는 유전학과 자연선택의 결합을 뜻
한다. 이 구호는 줄리언 헉슬리가 1942년에 펴낸
『진화: 현대적 융화』에서 따왔는데, 여기서 그는
멘델과 다윈의 이론이 양립할 수 있다는 점을 강
조했다. 문제는 환경에 대한 생물체의 적응을 설
명하는 것인데, 이에 의해 엄청난 생물다양성이
나타난다. 또한 개체들은 서로 다른데도 불구하
고 어떻게 일정한 범위로 묶어 자연적으로 다른
종으로 분류할 수 있는지도 밝혀야 한다. 헉슬리
는 종분화 과정, 이에 대한 지리적 격리의 중요
성, 생태적 특성화, 유전다양성 등에 대해 논의
했는데, 아무튼 이 책은 진화의 과정에 대해 대
체적인 합의가 이루어졌다고 보는 시대적 상황
을 반영하고 있다.

하지만 그럼에도 불확실한 점들이 있다. 선택
의 단위는 유전자인가 개체인가 개체군인가? 진
화는 점진적인가 아니면 화석의 기록을 단속평
형설이 주장하듯 오랫동안의 정체 뒤에 갑작스런
종분화가 이루어짐을 보여주는가? 환경에 대한
적응은 언제나 종의 변화를 낳는가 아니면 유전
적 부동 때문에 대개의 진화는 중립적인 경향을
보이는가? 복잡한 문화적 영향을 고려할 때 진화
론적 사고는 인류에 대해 어떻게 적용되어야 하
는가? 하지만 지구의 생명에 대한 보다 넓은 사고
와 생물학을 지배하게 된 과학적 접근법에 대해
서는 어느 정도의 합의에 도달하게 되었다.

**줄리언 헉슬리는 다윈의 강력한 지지자였던
토머스 헉슬리의 손자이다.**

논쟁들

CONTROVERSIES

관련 주제

진화론 이전
19쪽

인류의 진화와 미래
155쪽

3초 인물 소개

프랜시스 골턴
1822~1911
영국의 석학이자 인류학자로 우생학을 제창했다.

찰스 대븐포트
1866~1944년
미국의 우생학자로 콜드 스프링 하버 연구소의 소장을 역임했다.

진화론은 경험적 증거에 기초한 창조론이다. 화석, 현재의 종 분포, DNA 서열과 형태의 비교 등에 대한 탐구에서 도출되기 때문이다. 진화는 생명이 다양성에 대한 우리의 이해를 돕고 우리가 누구이며 어디서 왔는지를 설명해준다. 그런데 의미는 깊고 시야는 넓기 때문에 진화는 다른 관점들에 도전한다. 다윈 이전의 사람들은 전통적인 이야기, 곧 창조론에 기초한 이론들을 받아들였다. 다윈 이후 그런 신화들은 옹호하기 어려워졌다. 하지만 아직도 완전히 타파되지 않아서, 영국은 전 인구의 3분의 2, 미국은 절반쯤만 진화론을 수긍한다. 또 다른 논쟁의 실마리는 진화와 우생학 사이의 고리이다. 우생학은 교배를 조절함으로써 인류의 개선을 꾀하려는 시도를 옹호하며, 19세기 말에서 20세기 초의 많은 생물학자들이 지지했다. 예컨대 이들은 부유층의 출산율을 높이고 빈곤층의 출산율은 낮추어야 한다는 주장을 폈다. 미국의 일부 주들은 '퇴화'된 사람들의 불임 계획을 세우기도 했다. 하지만 유대인과 '장애'를 가진 사람들에 대한 독일 나치 아리안들의 극단적인 박해 때문에 우생학 운동은 나쁜 평판을 얻게 되었다. 그런데 제2차 세계대전이 끝난 뒤 인간과 의료유전학을 향한 연구가 되살아나고 있으며, 이 분야는 개인적 믿음과 선택의 문제 때문에 논쟁의 소지가 많다.

3초 준비

진화는 우리의 개인적 믿음과 가정들에 도전하므로 논쟁의 소지가 많다.

3분 생각

유전형은 인간의 질병, 행동, 지능, 발달, 성격 등등 사실상 우리 삶의 모든 측면에 영향을 미친다. 오늘날 우리는 의료유전학을 통해 유전형까지 바꿀 능력을 갖게 되었다. 진화의 관점에 따르면 우리의 미래는 미리 정해져 있지 않다. 따라서 우생학의 역사는 "신중히 나아가라!"라고 말한다. 찰스 대븐포트를 비롯한 일부 사람들은 현대적 편견을 토대로 인간의 변이를 없애려는 취지 아래 잘못된 과학 활동을 추진하고 있다. 하지만 변이는 진화의 가장 소중한 자산이다.

초기 우생학자들은 유전적 특성을 개선하기 위해 가계도를 활용했는데, 독일의 나치와 같은 극단적인 경우에는 이를 통해 유대인 조상을 추적하기도 했다. 현대의 한 가계도 분석에 따르면 대머리와 같은 특성은 유전된다.

종의 기원

종의 기원
용어해설

강(綱) 본래 자연계 전체를 동물계, 식물계, 광물계로 분류할 때 그 다음 단계를 가리키는 용어로 쓰였지만 현재는 생물의 분류학에서 문(門, phylum)과 목(目, order) 사이의 단계를 나타낸다. 예컨대 포유류 전체는 포유강을 이룬다.

계(界) 처음에는 동물계, 식물계, 광물계와 같이 자연계 전체를 분류할 때의 최상위 용어로 쓰였지만 현재는 생물의 분류학에서 역(域, domain)과 문(門, phylum) 사이의 단계를 가리킨다. 계는 동물계, 식물계, 균계, 원생생물계, 원핵생물계로 나누는데, 원핵생물계는 다시 세균계와 고세균계로 나누기도 한다.

계통/계통수 종들 사이의 진화적 관계를 보여주는 그림으로 때로 '생명의 나무'라고 부른다. 처음에는 겉보기의 특징을 토대로 작성했지만 오늘날에는 유전적 유사성을 더 중요시한다. 원어에 내포된 phylum(문, 門)은 생물분류법에서 계(界, kingdom)와 강(綱, class) 사이의 단계를 가리킨다.

돌연변이 후손에게 전달될 수 있는 유전물질의 변화. 돌연변이가 일어났다고 표현형이 반드시 변화하지는 않는다.

린네 분류(법) 스웨덴의 식물학자 칼 린네 (Carl Linnaeus, 1707~1778)가 제시한 생물의 분류 체계. 이후 상당한 개선을 거쳐 현재는 생명(生命, life) – 역(域, domain) – 계(界, kingdom) – 문(門, phylum) – 강(綱, class) – 목(目, order) – 과(科, family) – 속(屬, genus) – 종(種, species)으로 나눈다.

목(目) 생물분류법에서 강(綱, class)과 과(科, family) 사이의 단계. 그 예로는 영장류와 인시류 등을 들 수 있다.

무성생식 부모 가운데 한쪽이 단독으로 자손을 낳는 생식 방법. 따라서 자손은 해당 부모의 유전자만 전적으로 물려받는 복제생물이 된다. 단성생식, 포자형성, 이분법, 다분법 등이 있다.

분류 장애 인류의 지식이 부족하여 지구상 생물체의 분류에 대해 겪게 되는 장애. 실제로는 대부분의 생물들이 아직 분류되지 않았을 수도 있고 분류학자들이 이를 감당하지 못할 수도 있기 때문에 초래되는 문제들을 가리킨다.

분류(학) 예컨대 생물의 분류와 같이 구조적인 한 무리의 원리들에 입각하여 어떤 대상들을 분류하는 일 또는 그 학문.

분류학자 어떤 대상들을 분류하는 일에 종사하는 사람들. 생물학의 경우 대개 살아 있는 생물체를 분류하는 전문가를 가리킨다.

속(屬) 다른 생물들과 구별되는 공통 특징을 지닌 한 무리의 생물들을 가리키며, 분류학적으로는 과(科, family)와 종(種, species) 사이의 단계이다. 한 예로 호모 사피언스(Homo sapiens)와 같이 라틴어를 쓰는 이명법 체계에서 앞의 이름은 속, 뒤의 이름은 종을 나타낸다.

유전형 각각의 세포나 유기체의 특성을 결정하는 유전정보의 집합으로 상동염색체의 변형들을 포함한다. 때로 표현형(phenotype)과 대비되는 용어로 쓰인다.

잡종화 잡종이 형성되는 과정으로, 대개 서로 다른 종에 속하는 부모 사이의 교배로 일어난다. 하지만 때로는 다른 아종, 속, 과에 속하는 부모 사이에서 나타나기도 한다.

종 생물의 분류 체계에서 가장 아래에 있는 단계. 전통적으로 교배 가능성을 토대로 나누었지만 현대적 용법은 이와 꼭 일치하지 않는다. 예컨대 호모 사피언스(Homo sapiens)처럼 쓰는 종래의 이명법에서 뒤의 단어가 종을 나타내는데, 동물계는 그 아래 단계인 아종(亞種, subspecies)을 가질 수 있고, 다른 계들은 더욱 낮은 단계까지 갖기도 한다.

측면 유전자 전달 생식 이외의 방식에 의한 유전자의 전달.

택사 어떤 분류법의 각 단계를 뜻하는 택손(taxon)의 복수형. 생물의 경우 린네 분류에 내포된 단계들을 가리킨다.

표현형 각 생물체의 겉으로 드러난 형질들의 집합. 때로 세포나 기관에 들어 있는 유전정보의 총체를 뜻하는 유전형에 대비되는 용어로 쓰인다.

종과 분류

SPECIES & TAXONOMY

30초 저자
줄리 호킨스

3초 인물 소개
칼 린네
1707~1778
스웨덴의 식물학자로 생물의 분류에 대한 다단계의 체계와 생물체의 학문적 명명법을 제창했다.

찰스 다윈
1809~1892
영국의 박물학자로 그의 이론은 생물의 분류가 왜 다단계의 체계를 이루는지에 대한 설명을 제시해준다.

찰스 다윈의 『종의 기원』 제14장은 다음과 같이 시작한다. "가장 오랜 옛날부터 이 세상 모든 생물의 후손들은 서로 닮은 점들이 있었고, 따라서 이를 토대로 어떤 무리 속의 무리 들으로 나눌 수 있다." '무리 속의 무리'라는 여러 단계의 분류는 18세기의 린네 분류에서 뚜렷이 나타났고 이후 다윈의 시대는 물론 오늘날까지 쓰이고 있다. 이런 체계를 만들고 새로이 발견된 대상을 반영하기 위해 수정하는 일은 분류학자들의 몫이다. 이 작업은 아주 방대한데, 모든 생물을 찾고, 특징을 서술하고, 까다로운 규칙에 따라 이름을 매기고, 적절한 단계를 찾아 배치하는 과정을 거쳐야 하기 때문이다. 예컨대 세포 안에 핵을 가진 진핵생물의 경우 900만 종이 넘을 것으로 보이지만 지금껏 분류된 것은 4분의 1도 안 된다. 우리는 생물다양성을 관리하고 보존하는 데에 이러한 분류학의 정보를 활용한다. 그러나 세계적으로 이 정보가 부족하여 많은 곤란을 겪고 있으며 이 문제를 분류 장애라고 부른다. 분류학자들은 인류가 달에 다녀오고 화성의 생명체를 탐사하고 인간 유전체의 서열을 밝히는 것도 좋지만 현재 이 지구를 공유하고 있는 생물들을 분류하는 게 더욱 시급한 과제라고 지적한다.

3초 준비
분류학자들은 종들이 소멸되기 전에 진화의 자취를 기록하기 위하여 종들을 조사하고 체계적인 분류를 하려고 노력한다.

3분 생각
린네 분류의 기초 단위는 종이다. 하지만 종이 진화의 영향을 받는 진정한 대상인지, 아니면 린네 분류의 다른 단계들처럼 단순히 분류학자들의 임의적 창작인지에 대해 논란이 있다. 따라서 종을 인식하고 서술하면서 많은 문제에 부딪힌다. 가장 기본적인 문제는 종이라는 개념에 대해 모든 분류학자들이 수긍할 보편적인 정의가 아직 없다는 것이다.

분류학의 아버지인 칼 린네는 출발은 미약했지만 나중에는 유럽 최고의 과학자로 우뚝 섰다. 철학자 장 자크 루소는 "그보다 위대한 사람은 알지 못한다"라고 말했다.

계통수 작성

BUILDING PHYLOGENIES

30초 저자
크리스 벤디티

3초 인물 소개
찰스 다윈
1809~1892
영국의 박물학자이자 지질학자.

1837년 찰스 다윈은 노트에 그림을 하나 그린 뒤 그 위에 "나는 이렇게 생각한다"라고 썼다. 그는 이 그림이 진화의 과정 자체, 곧 후손이 조상과 달라진 결과를 보여준다고 믿었다. 다윈이 이 그림은 오늘날 우리가 계통수라고 부르는 것의 초기 형태들 가운데 하나다. 계통수는 수백만 년의 세월 동안 조상의 종들에서 후손의 종들이 갈라져 나온 모습을 보여준다. 따라서 종들이 어떤 관계에 있는지도 보여주는 셈이다. 또한 계통수는 종 위의 단계인 속, 과, 목 등이 서로 어떤 관계에 있는지도 알려준다. 원어 phylogeny의 본래 뜻이 어떤 무리의 기원과 발생을 뜻하기 때문에 이는 당연한 일이다. 역사적으로 계통수는 종들이 가진 한 무리의 형태적 유사점과 차이점들을 분석하면서 작성되었는데, 오늘날에는 유전적 정보도 추가하여 보완하고 있다. 사실 유전자 서열은 종과 개체군 사이의 관계를 더욱 정확히 알려줄 수 있으며, 이를 통해 수많은 종들의 진화에 대한 우리의 관점도 크게 바뀌었다. 예를 들어 1990년대까지 과학자들은 하마와 돼지가 진화적으로 가깝다고 여겼다. 하지만 유전자 서열의 분석 결과 하마는 오히려 고래나 돌고래와 더 가깝다는 사실이 밝혀졌다.

30초 개비
계통수는 생물들이 어떻게 조상에서 후손으로 이어지는지에 대해 직관적으로 분명한 관점을 제시한다.

3분 생각
사람은 고릴라보다 침팬지와 더 가깝다. 사람과 침팬지가 500만에서 1,000만 년 전쯤 공통의 조상으로부터 갈라져 나왔기 때문이다. 하지만 다른 생물들 중에는 종간 교배나 측면 유전자 전달도 많으며, 특히 식물과 세균에서 두드러진다. 따라서 이런 생물들의 경우 계통수를 작성한다는 게 어떤 의미인지를 생각해보는 것도 흥미로운 일이다.

계통수에 대한 다윈의 스케치.
현대 과학자들은 유전자 서열의 정보를 토대로
하마가 돼지와 가깝지 않다는 사실을 밝혔다.

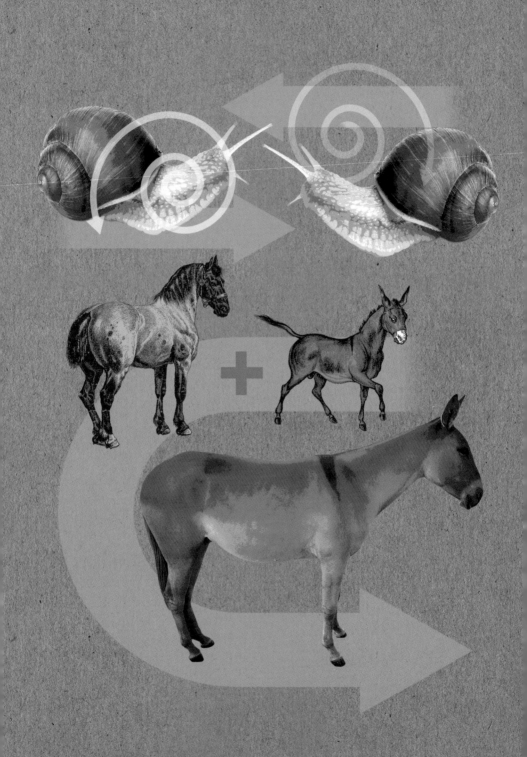

종의 생성: 격리

MAKING SPECIES: ISOLATION

30초 저자
크리스 벤디티

종분화, 곧 새로운 종의 기원에는 생식적인 격리가 필요하다. 자연에서 어떤 종의 격리를 초래하는 경우는 쉽게 상상할 수 있다. 큰 강이나 거대한 산맥이 형성되면 그런 역할을 할 수 있기 때문이다. 이에 따라 둘로 나뉜 개체군 사이에서는 번식이 일어날 수 없게 되지만, 종분화의 과정이 완결되는 데에는 유전자의 교류를 가로막는 장애가 나타나야 한다. 그러면 나중에 두 개체군이 서로 만날 수 있게 되더라도 이들 사이에서는 생존 가능한 후손이 나오지 못한다. 이런 과정이 일어나는 방식은 여러 가지다. 사전 교배 격리의 경우 교배 자체가 방해를 받는다. 예컨대 어떤 달팽이는 하나의 유전자에 의해 껍질의 나선 방향이 결정되는데, 오른 나선을 가진 것과 왼 나선을 가진 것은 서로 만나도 교배를 할 수 있는 자세를 취할 수 없어서 후손을 낳을 수 없다. 이와 달리 시간적으로 격리되는 경우도 있다. 초파리의 어떤 두 종은 유전적으로 긴밀하지만 한 종은 오전 다른 종은 오후에 짝짓기를 하므로 이들 사이에서는 후손이 나오지 못한다. 또한 짝짓기를 하더라도 수정이 이루어지지 않거나 수정이 되더라도 출생한 후손이 불임이 되는 경우도 있다. 그 예로는 암말과 수나귀 사이에서 나오는 노새와 수말과 암나귀 사이에서 나오는 버새를 들 수 있는데, 이런 경우는 사후 교배 격리라고 부른다.

0초 준비
두 개체군이 분리되고 유전적으로 다른 차이가 초래된다면 새로운 종이 나타났다는 뜻이고 이들 사이에서 생존 가능한 후손이 나올 수 없다는 뜻이다.

3분 생각
우리는 직관적으로 종을 구별하여 사자와 호랑이를 다른 종이라고 인식하며, 생물학자들은 새로운 종이 어떻게 생성되는지 잘 이해하고 있다. 하지만 성을 통해 번식하지 않는 생물체로 들어가면 문제는 복잡해질 수 있다. 무성생식으로 나온 후손은 유전적으로 부모와는 물론 후손들끼리도 서로 같다. 이런 생물들은 어떻게 종분화를 할까?

**껍질 나선의 방향이 다른 달팽이들끼리는 짝짓기를 할 수 없다.
말과 나귀 사이에서 나오는 노새와 버새는 불임이어서
후손을 낳을 수 없다.**

1823년 1월 8일
영국의 란바독에서 출생

1828년
허트포드로 이사하여
초등학교에 입학하다

1837년
런던으로 이사한 뒤 측량사가
되기 위해 형을 따라 킹턴과
니스 지역을 다니다

1848년
곤충학자
헨리 베이츠(Henry Bates)와
함께 미스치프(Mischief)호를
타고 브라질로 떠나다

1852년
헬렌(Helen)호를 타고 영국으로
돌아왔지만 항해 도중 화재로
수집했던 많은 자료를 잃다

1854년
동인도제도로 8년에 걸친
탐험을 떠나 125,000종이 넘는
표본을 수집하다

1858년 6월 18일
다윈이 월리스의 자연선택에
대한 논문을 받다

1858년 7월 1일
다윈과 월리스의 공동 논문이
린네학회에 제출되다

1866년
애니 미튼(Annie Mitten)과
결혼했으며 이후 세 자녀를
얻다

1869년
『말레이제도(Malay Archi-
pelago)』를 펴내다

1881년
영국 정부가 그의 공로를
인정하여 200파운드의 연금을
지급하기로 결정하다

1913년 11월 7일
브로드스톤의 자택
올드 오처드에서 사망

앨프리드 러셀 월리스

찰스 다윈은 거의 모두 알고 있지만 그와 나란히 진화론을 내놓은 앨프리드 러셀 월리스를 알고 있는 사람은 훨씬 적다. 영국 웨일스 남서쪽의 시골 랑바독에서 출생한 그는 다섯 살 때 가족이 어머니의 고향 허트포드로 이사하여 그곳에서 학교를 다녔다. 집안이 가난했기에 학교 교육은 열세 살 때 끝났고 이후 직업을 통해 지식을 쌓았다. 처음에는 맏형을 따라 측량사로 일했는데, 도중에 일감이 떨어졌지만, 경력을 살려서 레스터대학(Leicester Collegiate School)의 강사가 되었다.

월리스도 다윈처럼 곤충 수집을 좋아했으며, 대학을 그만두고 다시 측량사로 일할 때에 아주 적절한 취미가 되었다. 이후 니스기계연구소(Neath Mechanics' Institute)에서 잠시 강사로 일한 뒤 레스터대학의 친구인 곤충학자 헨리 베이츠와 함께 브라질로 탐험을 나섰다. 월리스는 이 탐험에서 판매할 표본들을 수집하고 종의 변이에 대한 자신의 생각을 뒷받침할 증거를 찾고자 했다. 하지만 4년 동안의 수고를 마치고 돌아오던 항해 중에 배에 화재가 일어나 표본을 모두 버려야 했으며, 작은 보트 위에서 열흘이나 표류한 뒤에 구조되었다.

그러나 2년 뒤 월리스는 1862년까지 8년이나 계속된 동인도 지역으로 탐험을 떠났고, 거기서 수많은 표본을 수집했을 뿐 아니라 그때까지 알려지지 않은 수천 가지의 종을 발견했다. 또한 이 탐험 동안 그는 자연선택에 의한 진화론을 독창적으로 가다듬어 여러 논문을 썼는데, 그중 백미는 1858년 다윈에게 보낸 셋을 꼽을 수 있다. 월리스는 거기에 자신의 생각을 요약해 담았으며, 다윈은 이를 보고 자극을 받아 『종의 기원』을 쓰게 되었다. 이를 계기로 월리스는 다윈 덕분에 이름을 널리 알릴 수 있었지만 역설적으로 다윈의 『종의 기원』 때문에 다시 그늘에 가려지고 말게 되었다. 그러나 이때 월리스가 보여준 넓은 아량은 칭송을 받아 마땅하며, 이는 1860년에 쓴 다음 구절에서도 뚜렷이 드러난다. "다윈은 세상에 새로운 과학을 내놓았다. 내 생각에 그의 이름은 고대와 현대의 어떤 철학자보다 드높여져야 한다. 그에 대한 칭송은 끝이 없을 것이다!!!"

월리스는 1866년에 비로소 결혼했다. 그런데 잘못된 투자를 한 탓으로 한동안 궁핍하게 지내야했으며 뛰어난 능력과 경력에도 불구하고 안정된 자리를 얻을 수 없었다. 하지만 다윈의 노력으로 정부로부터 과학에 대한 공로를 인정받아 연금을 받게 되었고, 저술로 추가적인 수입을 거두어 만년은 여유롭게 지냈다. 그는 90세에 숨을 거두었고, 도셋(Dorset)에 묻혔다.

격리의 메커니즘

MECHANISMS OF ISOLATION

30초 저자
줄리 호킨스

3초 인물 소개
요제프 고틀립 쾰로이터
1733~1806
독일의 식물학자로 종의 기원을 이해하기 위한 잡종 연구의 선구자이며, 담배의 종들에서 과학적인 잡종을 처음으로 얻어냈다.

칼 프리드리히 폰 개르트너
1772~1850
독일의 식물학자로 상트페테르부르크의 부유한 식물학 교수의 아들이며, 땅과 일꾼과 자금을 투입하여 평생 식물의 잡종에 대한 연구를 했다.

조지 레드야드 스테빈스
1906~2000
미국의 식물학자로 진화론의 현대적 융화에 기여한 『식물의 변이와 진화』(1950)라는 영향력 있는 책을 펴냈는데, 여기에는 격리에 관한 중요한 장이 포함되어 있다.

생물학자와 과학작가들은 오랫동안 실제 또는 상상 속의 잡종에 많은 관심을 가져왔다. 얼룩말과 말 사이의 조스(zorse＝zebra×horse)는 어떨까? 사자와 호랑이 사이의 라이거(liger＝lion×tiger)는? 사람과 침팬지 사이에서 휴먼지(humanzee)나 츄먼(chuman)이나 맨팬지(manpanzee)가 나온다면 또 어찌될까? 실제로 사자와 호랑이의 잡종은 잘 번식한다. 하지만 이는 사람에게 잡힌 탓에 인위적으로 나타난 현상일 뿐 자연계에서는 서식지가 격리되어 있으므로 일어나지 않는다. 다른 종들의 경우 사전 교배 격리 때문에 교배 자체가 일어나지 않는다. 새들의 경우 성적인 장식과 표현이 아주 다르게 진화한 탓에 이런 특징이 없는 배우자는 아예 찾지 않는다. 꽃식물 중에는 가까운 종들이라도 꽃 모양 때문에 유혹되는 곤충들이 다르거나 하루 중 꽃피는 시간이 달라서 생식적 격리가 이루어져 꽃가루가 전달되지 못한다. 이러한 사전 교배 격리가 허물어지는 경우가 있다면 이는 인간의 관심이 개입했기 때문일 것이다. 『종의 기원』에서 다윈은 쾰로이터와 개르트너의 연구에 대해 썼는데, 이들은 서로 다른 종의 꽃가루를 손수 전달했다. 이렇게 실험적 교배를 했을 때 특히 부모가 사뭇 다른 종이라면 불임의 자손이 나오고 더 이상의 번식은 이루어지지 못하기도 한다. 과학적 연구가 진행됨에 따라 교배 이후의 생식적 격리에는 유전적 근거가 있음이 밝혀졌다.

3초 준비
어떤 종들은 자연적으로 잡종을 낳을 수 있고 또 실제로 낳기도 한다. 하지만 대부분은 생식적 격리의 메커니즘이 작용함에 따라 낳을 수 없게 된다.

3분 생각
생명의 기원은 단일하며 따라서 모든 종들은 많건 적건 서로 관련되어 있다. 가까운 종들 사이의 교배에서는 불임의 자손이 나오지만 왜 아주 먼 종들 사이에서는 이러한 잡종을 낳는 능력이 사라지고 말았을까? 격리의 메커니즘이 작용하지 않아서 말과 독수리 사이의 잡종이 나온다면 어찌될지 상상해보라!

교배 격리가 극복되면 희귀한 잡종이 나올 수 있기는 하지만 말과 독수리 사이의 히포그리프(hippogriff ＝ horse×eagle)처럼 기상천외한 잡종은 나오지 않을 것이다.

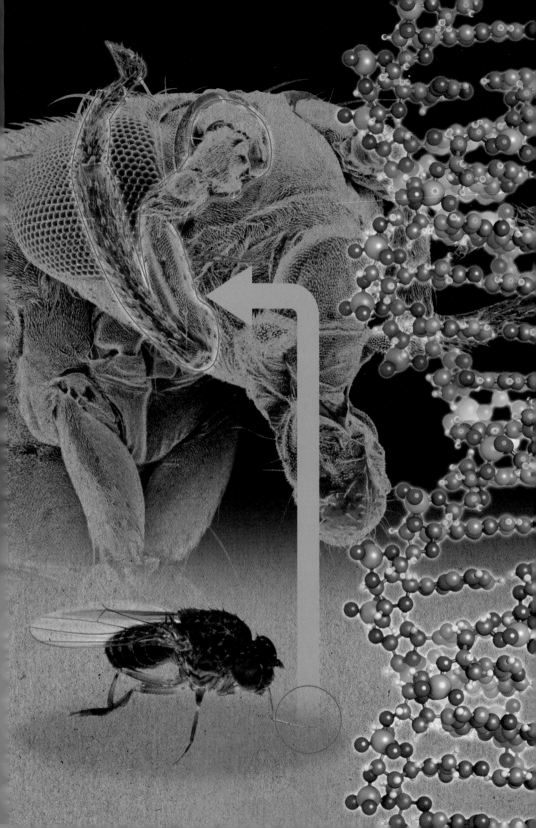

돌연변이와 종분화

MUTATION & SPECIATION

30초 저자
크리스 벤디티

3초 인물 소개
에티엔 조프루아 생틸레르
1772~1844
프랑스의 동물학자로 양서류와 파충류의 화석에 대한 연구를 통해 변성이 점진적이 아니라 급격히 이루어졌을 것이라고 주장했다.

DNA에는 생물체를 만들기 위한 모든 정보가 들어 있다. 그리하여 개체가 어떤 모습을 띠고 어떤 기능으로 어찌 행동할 것인지를 지시한다. 돌연변이는 세포가 분열할 때 사연스럽고도 비교적 흔하게 일어나며, 이로 인해 DNA의 구조가 변하게 된다. 다시 말해서 돌연변이는 기본적으로 실수이다! 하지만 극히 중요한 실수로서, 이를 통해 자연선택에 의한 진화의 원료가 만들어지며, 그 결과로 표현형의 변화가 초래될 수 있다. 정자나 난자와 같은 생식세포에서 일어난 돌연변이는 후손에게 전달된다. 그런데 이런 돌연변이의 효과는 다양해서, 어떤 것은 해롭지만 어떤 것은 유익하며, 아무런 영향을 주지 않는 것도 있다. 돌연변이는 개체군이 갖는 다양성의 기원이다. 자연선택은 돌연변이에 작용하여 살아남는 데에 유리한 종을 빚어내고 그 환경 속에서 번식하도록 한다. 만일 돌연변이가 유리하다면 이를 지닌 개체는 생존과 번식에 더 적합하므로 그 개체군 속에서 차츰 지배적인 다수가 된다. 어떤 두 개체군이 서로 격리되면 돌연변이가 누적되어 결국 종분화로 이어지는 현상을 쉽게 찾아볼 수 있다.

30초 준비
돌연변이는 개체들이 왜 서로 다른지를 설명해주며 자연선택에 의한 진화의 근간이다.

3분 생각
때로 생물 표현형에 중요한 영향을 주는 특정 유전자에서 돌연변이가 일어날 수 있다. 한 유명한 예로는 초파리 머리의 더듬이 날 자리에 다리가 생기는 것을 들 수 있다. 그런 돌연변이는 치명적일 수 있어서 이를 갖고 태어난 개체는 일찍 죽기도 한다. 하지만 어떤 사람들은 그런 돌연변이가 유익할 수도 있고 따라서 진화의 계보에 새로운 종을 즉각 추가하게 된다고 주장한다. 실제로 거북의 기원에 대해서는 그런 돌연변이가 상정되어왔다.

초파리 머리의 더듬이 자리에
다리가 나오게 하는 돌연변이는 해롭지만
어떤 돌연변이는 진화적 진보를 낳을 수도 있다.

적응에서 종분화로

FROM ADAPTATION TO SPECIATION

30초 저자
크리스 벤디티

3초 인물 소개
찰스 다윈
1809~1892
영국의 박물학자이자 지질학자.

적응은 '적자생존'에 암시되어 있다. 마다가스카르 고유의 다람쥐원숭이는 야행성의 영장류인데 가운데 손가락이 아주 가늘고 길다. 다람쥐원숭이는 이 손가락으로 나무를 사뿐히 두드려 껍질 밑에 있는 유충을 찾아내며, 찾은 다음에는 또 이 손가락을 이용하여 유충을 꼬여낸다. 이 원숭이의 가운데 손가락은 바로 적응의 한 예다. 자연선택은 다람쥐원숭이의 가운데 손가락에 생긴 돌연변이를 오랜 시간에 걸쳐 누적하여 결국 가늘고 길게 만들었다. 이 특징은 이제 모든 다람쥐원숭이에 퍼져서 각자가 살아가는 데에 도움을 준다. 일반적으로 생물이 생존하고 번식하는 능력을 키워주는 모든 특성들을 적응이라 부른다. 철새의 이동, 선인장의 가시, 표범의 반점은 오늘날의 생물들이 보여주는 수많은 적응의 예들이지만, 이미 멸종한 생물들 때문에 사라진 적응들도 무수히 많다. 적응은 개체군을 다양하게 만들다가 결국에는 종분화까지 낳게 한다. 어떤 개체군이 둘로 나뉘어 서로 다른 선택의 압력을 받는다면 우리는 양쪽에서 여러 가지의 적응이 나타나리라고 예상할 수 있다. 이후 오랜 시간이 지나면 둘로 나뉜 개체군은 서로 아주 달라질 것이며, 나중에 다시 만나더라도 교배를 하지 못하거나 하더라도 불임의 자손이 나올 수 있다. 곧 결국 종분화가 이루어지는 것이다.

30초 준비
생물이 생존하고 번식하는 능력을 키워주는 모든 특성들을 적응이라 부른다.

3분 생각
어떤 종의 특성들을 살펴보노라면 적응이 아닌 것을 생각하기가 어려워진다. 하지만 실제로는 적응이 아닌 특성들도 많아서, 단지 다른 특성의 부산물에 불과한 경우도 있다. 예컨대 우리의 피가 붉은 것도 그렇다. 이는 피가 노란색일 경우 생존과 번식에 덜 적합하기 때문에 그런 게 아니라 피의 한 화학적 성분의 색깔이 우연히 빨강색이어서 나타난 특징일 뿐이다.

마다가스카르의 숲에서 밤에 사냥하며 홀로 살아가는 다람쥐원숭이는 가늘고 긴 가운데 손가락으로 벌레를 꼬여내는데, 이는 바로 적응의 한 예다.

종 다양성

SPECIES DIVERSITY

30초 저자
크리스 벤디티

지구에 사는 종의 수는 870만가량으로 추정되며, 아주 가혹한 환경에서도 발견된다. 개구리 중에는 꽁꽁 얼렸다가 녹여주면 다시 살아나 팔짝 뛰어다니는 것들도 있고, 물이 끓을 정도로 높은 온도의 물에서 살아가는 벌레도 있으며, 땅속 몇 킬로미터의 깊은 곳에서 미량의 철이나 칼륨 등만 섭취하며 살아가는 미생물도 있다. 하지만 이토록 용감한 모험가들은 드물고 대다수의 생물은 적도 가까이에서 살아간다. 따라서 고위도 지역으로 감에 따라 종 다양성은 줄어든다. 이런 패턴이 나오는 까닭은 저위도 지역이 비교적 안정하고 태양 에너지를 많이 받아서 복잡한 생태계를 이루는 데에 있다. 이 점은 아주 중요한데, 가장 단순히 말하면, 식물의 성장은 햇빛에 의존하고, 초식동물은 식물에 의존하며, 육식동물은 초식동물에 의존하는 사슬이 형성되기 때문이다. 따라서 적도 부근의 환경에서는 많은 종들이 함께 살아갈 수 있다. 전통적인 추측에 따르면 열대 지방은 종분화가 많이 이루어지는 '다양성의 요람'이기에 종들이 많다고 한다. 하지만 근래의 과학적 연구결과는 이와 상반되는 것 같다. 이에 따르면 종분화는 고위도 지역에서 더욱 자주 일어나지만 환경이 가혹하기에 멸종이 잦아서 발견되는 종의 수는 적다고 한다.

3초 준비
오늘날 존재하는 수백만의 종들이 지구상에 임의로 분포되어 있지는 않으며, 극지방보다 적도 부근에 훨씬 많다.

3분 생각
종의 분포가 종분화와 멸종 사이의 균형에 의해 결정된다고 보는 생각은 흥미롭다. 이는 어떤 서식지는 다른 곳보다 생식적 격리를 부추겨서 종분화를 촉진할 가능성이 많음을 보여주는 연구결과와 부합한다. 만일 생식적 격리를 부추기는 서식지의 분포가 위도와 종 다양성 사이의 패턴과 일치하거나 상반된다면 종분화의 메커니즘을 밝히는 데 도움이 될 것이다.

햇볕이 강해서 따뜻한 적도 부근 지역에서는
가혹한 고위도 지역보다 많은 생물이 살고 있는데,
실제로 모든 종의 3분의 2쯤이 열대우림에 있다.

자연선택

자연선택
용어해설

개체군 진화론적으로는 어떤 환경 속에서 생존 기간 동안 교배를 통해 번식할 수 있고 그 결과 그곳 종들의 진화에 영향을 줄 수 있는 한 무리의 개체들을 가리킨다.

게놈 어떤 생물의 DNA나 RNA에 들어 있는 유전정보의 전체 집합으로 '유전체'라고도 부른다. 여기에 유전자는 당연히 포함되지만 단백질의 합성에는 관여하지 않으나 세포의 번식과 기능에 중요한 역할을 하는 염기 배열들도 포함된다. 게놈의 전체 정보는 그 안의 염기 배열을 순서대로 기록함으로써 파악된다.

DNA 데옥시리보핵산 생물의 번식과 유전에 핵심적인 역할을 하는 기다란 분자. 잘 알려진 이중나선 구조는 핵산분자들이 평행으로 길게 배열되어 만들어졌으며, 그 다양한 서열에 컴퓨터의 자료에 비교되는 정보들이 저장되어 있다.

산업적 흑화 산업의 발달로 검댕이나 오염물에 의해 환경의 색깔이 어두워지면 거기에 사는 생물들도 어두운 색깔을 띠도록 진화하는 현상. 가장 잘 알려진 예로는 나무가 검댕에 덮여서 색깔이 진해지자 거기에 사는 나방도 검은색을 띰으로서 포식자에게 잘 잡히지 않도록 진화한 것을 들 수 있다. 이에 따라 밝은 색의 나방보다 어두운 색의 나방이 더 많은 후손을 남기는 방향으로 진화가 이루어졌다.

안정선택 어떤 환경에서 극단적인 표현형보다 중간적인 표현형이 유리하여 개체군이 전체적으로 평균적인 상태로 안정화되는 현상을 가리키며, 통계학의 '평균 회귀'에 해당하는 진화 현상이다. 적극적인 선택이 배제되므로 부정적인 선택이라고 볼 수 있는데, 그 결과로 유전다양성은 낮아지게 된다.

양단선택 동시에 반대 방향을 향하는 지향선택으로 중간 형태보다 양쪽의 극단적인 형태가 주어진 환경에 적합할 때 일어나며, 이후 개체군 속의 다양한 표현형은 차츰 상반되는 방향으로 나뉘게 된다. 찰스 다윈은 갈라파고스제도에서 양단선택에 의해 양극단으로 진화한 핀치 무리를 발견했다.

염색체 세포에서 발견되는 핵산 및 부수적인 단백질들을 가진 매우 기다란 분자. 유전자를 비롯한 다른 염기쌍들을 지니고 있으며, DNA의 작용을 제어하는 단백질도 포함하고 있다.

유전다양성/유전자풀 어떤 종 안에서 생길 수 있는 유전자 결합 방식의 범위로 개체군 안에 존재하는 서로 다른 변이들의 수로 이해할 수 있다. 이 다양성의 범위가 넓을수록 환경의 변화에 대처하여 살아갈 수 있는 개체도 있을 가능성이 많으므로 이는 어떤 개체군의 환경 변화에 대한 적응성의 척도가 된다. 반면 유전다양성이 낮으면 자연선택의 여지도 좁아지므로 진화에 불리하다. 유전자 풀은 어떤 개체군이 갖고 있는 유전자 전체의 집합을 가리킨다.

유전자 지문 DNA의 특정 서열로 개인의 신원을 알아내거나 부모 자식 사이의 혈연관계 등을 밝혀내는 기술로 'DNA 검사(법)' 또는 'DNA 감식(법)'이라고도 부른다. 흔히 짧은 염기 배열이 반복적으로 나타나는 패턴을 분석하는데, 반복되는 염기의 순서와 반복되는 횟수가 사람마다 다르다는 점을 이용한다.

자연선택 다윈의 진화론이 내세우는 핵심 메커니즘. 생물은 이에 의해 환경에 가장 적합한 개체들이 살아남아 성공적인 생식을 통해 후손을 늘려서 진화의 흐름을 바꾸게 된다. 이전부터 동식물의 품종 개량에 이용되었던 인공선택에 대조되는 관념으로 정립되어 진화론에 포함되었다.

지향선택 자연선택의 일종으로 주어진 환경의 조건에 의하여 특별한 성질이 선택되는 경우를 가리킨다. 고전적인 예로는 핀치의 부리가 있는데, 먹이로 삼는 씨의 크기가 지역에 따라 달라서 핀치의 부리도 그에 맞추어 여러 크기로 진화했다.

표현형 각 생물체의 겉으로 드러난 형질들의 집합. 때로 세포나 기관에 들어 있는 유전정보의 총체를 뜻하는 유전형에 대비되는 용어로 쓰인다.

개체군

POPULATIONS

30초 저자
루이즈 존슨

3초 인물 소개
시월 라이트
1889~1988
미국의 유전학자로 집단 유전학의 초석을 놓았고 유전학과 자연선택을 결합하여 진화생물학의 새로운 융화를 이루는 데에 기여했다.

종의 정의는 논란의 여지가 많음에 비해 개체군의 정의는 비교적 명확하다. 곧 어떤 지리적 영역에서 서로 교배할 수 있는 개체들의 무리를 가리킨다. 어떤 종은 오직 하나의 개체군으로 존재하기도 하는데, 시베리아의 바이칼호에만 사는 바이칼물범(Pusa sibirica)은 세계 유일의 민물물범이다. 반면 여러 산들의 꼭대기에 사는 고산 식물들은 수많은 개체군을 갖고 있다. 우리는 개체군들 사이의 차이를 측정할 수 있으며 그 결과를 자연의 역사를 이해하는 데 활용한다. 예컨대 멕시코의 동굴에 사는 눈이 없는 고기들 가운데 지면 가까이에 사는 개체군들은 모두 아주 비슷하다. 반면 깊은 동굴에 사는 것들은 서로 아주 달라서 사실상 동굴마다 개체군도 다르며, 이는 이 고기들이 그 동굴을 드나드는 일이 거의 없음을 보여준다. 진화는 개체군의 크기에 따라 다르게 나타난다. 개체가 아주 많으면 생존에 유리한 돌연변이가 일어날 가능성도 커지는데, 극단적인 예로는 에이즈에 감염된 한 환자의 몸속에서 가능한 새로운 돌연변이 바이러스가 날마다 출현하는 것을 들 수 있다. 반면 작은 개체군은 유전다양성이 빠르게 낮아져서 그 진화에 우연적 요소가 크게 작용한다. 멸종의 위기에 처할 정도로 크기가 줄어든 개체군에서는 근친교배로 인해 열등한 후손이 나와 멸종의 가능성이 더욱 커진다.

3초 준비
각 개체는 진화하지 않으며, 여러 세대에 걸쳐 진화하여 분기되어가는 기본 단위는 개체군이다.

3분 생각
때로 개체군의 일부만 교배할 수 있게 된다. 코끼리물범의 한 수컷이 100마리의 암컷을 거느리고 있는 경우를 생각해보자. 이 개체군의 실질적 크기는 겉보기의 마리 수로 규정하는 것보다 작다고 봐야 한다. 이처럼 암수의 비율이 크게 다르면 개체군의 유효 크기는 작아지며 그에 따라 유효한 자연선택도 줄어든다.

멕시코의 한 동굴에서 눈이 먼 고기들의 개체군이 여럿 발견되었는데, 바이칼호에 사는 바이칼물범의 개체군은 하나뿐이다.

적응의 필요

THE NEED FOR ADAPTATION

30초 저자
루이즈 존슨

관련 주제
유전적 변이
67쪽

3초 인물 소개
장 바티스트 라마르크
1744~1829
프랑스의 박물학자로 라마르크주의라고도 불리는 그의 이론, 곧 획득형질은 유전된다는 이론이 오류라는 점으로 널리 알려져 있다.

불타는 사막, 혹한의 툰드라, 상상하기 힘든 압력이 작용하는 깊은 해구…… 이처럼 가혹한 환경에서도 생물은 살아간다. 이런 극단적인 조건에서 생존하려면, 특별한 과정, 곧 적응이 필요하다. 물이 끓을 정도로 뜨거운 온천에 사는 세균에서는 열에 저항하는 단백질이 발견된다. 반대로 살을 에는 추위에서 살아가는 식물은 세포가 얼음 결정으로 파괴되지 않도록 생물학적 부동액을 이용한다. 따지고 보면 우리 자신의 환경도 가혹하기는 마찬가지여서 다른 생물들 못지않게 훌륭히 적응해야 한다. 우리는 공기의 호흡을 아주 자연스레 여기지만 사실 이런 능력을 가진 동물은 일부에 불과하며, 어떤 미생물들의 경우 산소의 존재 자체가 치명적이다. 이처럼 생물은 생존하는 동안 언제나 극복해야 할 도전을 맞으므로 자신이 살아가는 환경에 잘 맞추어 진화할 방법과 기교를 지녀야 한다. 나아가 환경도 계속 변화하므로 역시 계속 진화하면서 따라잡아야 한다. 먹는 자와 먹히는 자, 경쟁자와 질병 등은 환경을 구성하는 중요한 부분들이고, 이 모두가 진화의 압력을 받으므로 특히 빠르게 변하는 부분들이기도 하다. 따라서 어떤 의미에서 볼 때 겉보기로 가장 살기 좋은 것 같고 살아가는 종들도 아주 다양한 서식지야말로 오히려 가장 치열한 삶의 현장이라고 말할 수 있다. 정말이지 편한 삶이란 없다.

3초 준비
생물은 환경에 맞도록 진화한다. 이를 적응이라고 부르며 생존에 필수적이다.

3분 생각
다행히도 적응은 필수적이면서도 저지가 불가능하다. 생존과 생식에 영향을 주는 유전적 변이가 생길 때마다 적응도 논리적으로 당연히 일어나기 때문이다. 복잡한 적응은 몇천에서 몇 백만 세대 동안 축적될 수도 있지만 아무튼 유전될 수 있는 변이가 나타나면, 실제로는 거의 언제나 그렇지만, 자연선택이라는 피할 수 없는 힘이 작용하여 더욱 높은 수준의 적응이 이루어진다.

작열하는 아프리카 사막의 오릭스에서 눈으로 뒤덮인 극지방의 눈토끼에 이르기까지 생물은 혹독한 환경에 적응하며 살아간다.

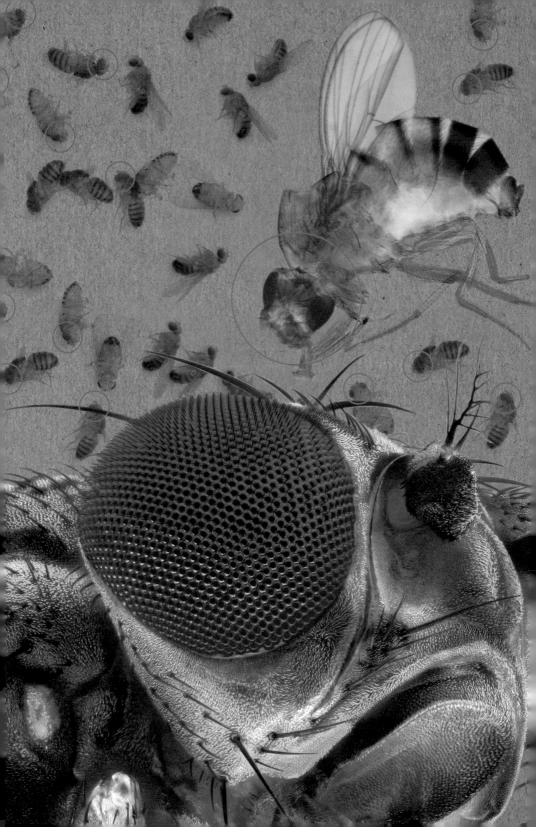

유전자

GENES

30초 저자
루이즈 존슨

3초 인물 소개
토머스 모건
1866~1945
미국 유전학자로 생리학에서 염색체의 역할에 대한 연구로 1933년에 노벨 생리의학상을 받았다.

릴리언 보건 모건
1870~1952
미국의 유전학자이자 토머스 모건의 아내이며, 노랑초파리를 유전학 연구에 널리 활용하게 한 점으로 유명하다.

앨프리드 헨리 스터트번트
1891~1970
미국의 유전학자로 원자폭탄이 사람의 개체군에 미치는 영향에 관한 연구도 했다.

초파리는 집과 식당에서는 성가신 존재이지만 유전학자들 사이에서는 인기가 높다.

오늘날 많은 생물학자들은 분자 수준에서 유전자를 정의하며, 이에 따르면 유전자는 세포가 특정 단백질을 만드는 데에 쓰는 길이만큼의 DNA 가닥들이다. 하지만 유전자라는 용어 자체는 DNA가 유전에서 어떤 역할을 한다는 점이 밝혀진 때보다 수십 년 앞서 만들어졌다. 그때는, 예컨대 키가 큰 콩과 작은 콩, 눈이 붉은 초파리와 하얀 초파리 등과 같이 개체들 사이의 차이를 초래하는 가상의 인자를 의미했다. 따라서 아무 차이가 없으면 그에 해당하는 유전자도 없다. 그러다가 20세기에 들어 과학자들은 그때까지만 해도 실처럼 길고 신비로운 대상이었던 염색체가 유전자와 관계가 있으며, 대부분의 유전자는 단백질과 관련된다는 사실을 발견했다. 그리고 차츰 유전자는 '정보'라는 점이 분명해졌다. 이 유전적 정보는 작은 단위체들이 계속 이어져서 기다랗지만 안정한 DNA 분자에 저장되는데, 유전적 차이는 작은 단위체들의 구성과 순서의 차이에서 비롯된다. DNA의 이런 차이는 원칙적으로 조립 과정의 실수라고 볼 수 있는데, 아무튼 이 때문에 이로부터 만들어지는 단백질의 구조가 변한다. 한 예로 낭성 섬유증을 일으키는 유전자는 체액의 염분을 조절하는 단백질을 변형시켜 잘못 작동하게 한다. 하지만 유전자의 총체를 가리키는 게놈에 대한 이해가 깊어짐에 따라 유전자의 분자적 수준의 정의는 너무 좁다는 점이 드러났으며, 어떤 유전자들은 다른 방식으로 그들의 영향력을 발휘한다.

3초 준비
우리 모두에게는 머리가 있고 머리의 성장을 유발하는 유전자가 있다. 따라서 창조라는 어원적 관점에서 보면 머리를 키우는 유전자는 아무에게도 없는 셈이다.

3분 생각
1911년 토머스 모건의 실험실에서 설거지를 맡도록 고용된 대학생 앨프리드 스터트번트는 뜻밖의 돌파구를 열었다. 당시 어떤 유전자들은 짝을 짓고 있어서 어느 하나가 전해지면 다른 것도 전해지며, 실험적으로 교차를 조사하면 결합의 세기를 측정할 수 있다는 사실이 알려져 있었다. 스터트번트는 이런 유전자들이 실제로 물리적 결합을 이루고 있다는 점을 깨달았고, 이에 따라 그 상대적 위치를 보여주는 유전자 지도를 처음으로 작성했다.

존 홀데인

정식 이름은 존 버든 샌더슨 홀데인(John Burdon Sanderson Haldane)이지만 출판물에서는 J. B. S.로 쓰이고 일상적으로는 잭(Jack)으로 불리는 홀데인은 겉보기의 영향력으로는 믿기 어려운 교육 과정을 거쳤다. 그의 아버지는 집에 독자적인 실험실을 갖춘 생리학자였기에 홀데인은 어려서부터 과학에 열성적이었다. 하지만 이튼교를 나와 옥스퍼드대학교에 들어갈 때는 수학을 택했고, 나중에는 다시 인문학으로 진로를 바꾸었다. 그리고 제1차 세계대전 때 프랑스와 이라크에서 복무하고 옥스퍼드로 돌아온 뒤에는 유전학과 생리학의 연구원으로 일했는데, 그가 이 분야의 교육을 받은 적이 없다는 점에서 놀라운 일이었다. 하지만 여기서 그치지 않고 10년 동안 케임브리지에서 효소의 반응에 대한 독창적인 연구를 한 뒤 런던의 유니버시티대학으로 자리를 옮겨 이후 학구적 삶의 대부분을 보냈다.

유전학에 대한 홀데인의 최대 공헌은 "자연선택의 수학적 이론"이란 제목으로 10편의 논문을 펴낸 것을 꼽을 수 있는데, 나중에 이는 "진화의 원인"이란 제목 아래 한데 엮어졌다. 그가 수학을 이용하여 자연선택의 근거를 파헤친 연구는 다윈의 자연선택과 멘델의 유전학을 융화하는 데에 핵심적인 역할을 했다. 그 당시 수학에 조예가 깊은 생물학자는 드물었는데, 홀데인은 자신의 능력을 십분 발휘하여 광범위한 주제에서 정량적인 기법들을 한껏 구사했다. 그 좋은 한 예로는 "적절한 크기에 대하여"라는 제목의 논문을 들 수 있다. 여기에는 이른바 '홀데인 원리'가 들어 있는데, 이에 따르면 생물들은 몸의 크기에 따라 채택할 수 있는 몸의 구조와 기능에 고유의 제한을 받는다.

60대 초반에 홀데인은 새 아내 헬렌 스퍼웨이와 여생을 보내겠다고 작정하고 인도로 이주했다. 홀데인은 수에즈 전쟁에 대한 자신의 대응이라고 주장했지만 아내의 탓도 있었던 것 같다. 그의 아내는 취중의 행동으로 구속되었을 뿐 아니라 런던대학교에서도 해임되었는데, 이 과정에서 홀데인도 교수직에서 물러났다. 인도에 간 홀데인은 콜카타와 오리사에서 생물학 관련 통계 연구를 했으며, 나중에 인도 시민권을 얻었다. 그는 1960년대에도 연구를 계속했고, 1963년에는 복제인간을 가리키는 뜻으로 '클론(clone)'이란 단어를 처음 사용했다.

홀데인의 유머 감각은 유명했다. 유전적 이타심에 대해 그는 언젠가 "두 형제나 여덟 사촌을 위해 내 한 목숨 기꺼이 내놓겠다"라고 말했으며, 외계 생명의 존재 여부에 대한 강연에서는 "창조자가 있다면 아마 딱정벌레를 총애하는 것 같습니다. 지구상의 포유류는 8,000종이지만 딱정벌레는 40만 종이나 되니 말입니다"라고 말했다.

유전적 변이

GENETIC VARIATION

30초 저자
루이즈 존슨

3초 인물 소개
프랜시스 골턴
1822~1911
영국의 통계학자로 우생학의 개념을 펼쳤고 인간 개체군에서 변이의 역할을 연구했다.

더글러스 팰코너
1913~2004
영국의 유전학자로 형질이 어떻게 유전되는지를 수학적으로 예측하여 정량유전학에 기여한 점으로 유명하다.

사람들은 여러 측면에서 서로 다르다. 어떤 사람은 다른 사람들보다 키가 더 크고, 눈의 색깔도 다르며, 손톱에 다른 색의 매니큐어를 바른다. 이런 차이들 중 어느 것들에는 유전자가 관여한다. 눈의 색깔은 거의 유전자에 의해 좌우되지만, 키는 어린이가 자랄 때 영양이나 질병도 중요하므로 유전자의 역할은 줄어든다. 자연선택에 의한 진화는 이런 차이가 유전자에 반영될 때만 일어난다. 따라서 눈 색깔에 대한 선택은 키에 대해 같은 강도로 작용된 선택보다 더 빠르게 나타날 것이다. 매니큐어의 색깔에 대한 선택은 별 효과가 없다. 이 선택은 유전자가 아니라 거의 화장품 업체에 의해 이루어지므로 그 유전성은 영에 가까울 것이다. 유전(가능)성은 예컨대 키와 같이 어떤 특정한 형질이 환경의 차이가 아니라 유전적 차이에 의해 나타나는 비율을 가리킨다. 이는 특정 환경의 특정 개체군에 관한 개념으로 '본성과 양육'의 비교와는 다르다. 또한 이는 환경이 변할 때 어찌될지에 대해서는 거의 아무것도 알려주지 않는다. 예컨대 신문의 헤드라인에 "약물중독의 40퍼센트는 유전자 때문"이라는 문구가 나왔다면 아마 유전성의 정도를 보도하는 셈이지만 거의 확실한 오류이다.

3초 준비
자연선택은 유전자에 작용한다. 하지만 개체가 서로 다른 배경에는 유전자 이외의 요소들도 있다.

3분 생각
사람의 유전(가능)성을 조사할 때 흔히 쌍둥이를 비교한다. 이란성 쌍둥이는 양육과 환경 및 유전자의 절반을 공유하지만 일란성 쌍둥이는 양육과 환경과 유전자 전부를 공유한다. 따라서 일란성 쌍둥이의 키가 이란성 쌍둥이보다 더 비슷하다면 이는 키의 유전적 변이를 보여주는 증거가 된다.

일란성 쌍둥이는 유전자를 100퍼센트 공유하므로 유전성을 연구하는 데에 중요하다.

다형성과 유전적 부동

POLYMORPHISM & GENETIC DRIFT

관련 주제
유전적 변이
67쪽
산업적 흑화
107쪽

3초 인물 소개
버나드 케틀웰
1907~1979
나방의 산업적 흑화를 연구한 영국의 동물학자.

진화생물학은 종들이 시간에 따라 어찌 변하는지는 물론 종 안의 개체들도 서로 어떻게 그리고 얼마나 달라지는지에 대해서도 알려준다. 어느 하나의 '야생형'이 지배적이고 변형은 드물게만 나타난다는 생각은 두드러진 다형성을 드러내는 동물들에 대한 연구에 의해 도전을 받게 되었다. 어떤 특정의 다형성에는 분명한 까닭이 있기도 한데, 밝거나 어두운 색깔을 가진 회색가지나방의 경우 이끼나 검댕으로 덮인 나무에서 잘 위장되기 때문이라고 볼 수 있다. 하지만 애매한 경우도 있다. 비틀이고둥은 다채로운 색깔과 띠 모양의 패턴을 보여주는데, 위장이거나 포식자를 혼란스럽게 하기 위한 것도 같지만 정확한 이유는 아직 불명이다. 분자생물학이 발달함에 따라 파헤칠 수 있는 다형성의 범위도 훨씬 넓어졌다. 유전자 지문은 복제인간이나 쌍둥이를 제외한 모든 개인을 식별할 수 있으며, 근친교배가 심한 치타와 같은 경우를 제외한 종들도 모두 구별할 수 있다. 요컨대 다형성은 예외가 아니라 통례이다.

30초 저자
루이즈 존슨

3초 준비
다른 대부분의 종들처럼 사람의 다형성도 아주 높다. 따라서 사람은 각자 독특하다.

3분 생각
오늘날의 기술을 이용하면 유전자 지문보다 더 많은 다형성을 찾아낼 수 있다. 일란성 쌍둥이도 구별할 수 있으며 환자의 몸 전체로 퍼지는 암의 근원도 콕 집어낼 수 있다. 사실 우리는 각자 날마다 이제껏 없었던 60가지의 돌연변이를 만들어낸다. 하지만 거의 대부분 우리의 외관이나 행동에 아무런 효과를 나타내지 않는다.

일란성 쌍둥이도 지문은 서로 다르다.
과학자들은 비틀이고둥이 보여주는 것과 같은 다형성은
어떤 이점이 있는지 아직 모른다.

선택의 방식

TYPES OF SELECTION

관련 주제
선택의 단위
73쪽

3초 인물 소개
찰스 다윈
1809~1892
영국의 박물학자이자 지질학자로 『종의 기원』에서 선택의 방식을 처음으로 서술했다.

3초 준비
적자생존은 때로 가장 평범한 개체들의 생존을 뜻할 수도 있다.

3분 생각
한 개체군에서 선택의 대상이 서로 다른 형질이라면 둘 또는 셋 모두의 선택 방식이 동시에 작용할 수 있다. 인공선택에서도 마찬가지다. 예컨대 사과를 재배하는 사람은 최대의 수확을 목표로 하면서 (지향선택) 동시에 일정한 크기를 목표로(안정선택) 교배해갈 수 있다.

자연선택을 설명하는 책들에서 흔히 볼 수 있는 그림의 하나로는 기린을 닮은 동물들 가운데 어떤 개체는 목이 길어 나무의 높은 가지까지 입을 뻗칠 수 있음에 비해 다른 개체는 그러지 못해 배고픔 속에서 시기의 눈빛으로 바라보고 있는 것을 들 수 있다. 이게 바로 가장 잘 알려진 지향선택의 예다. 여기의 목 길이처럼 어떤 한쪽 극단을 선호하기에 개체군의 진화는 이를 향해 곧장 나아간다. 다른 방식으로는 안정선택이 있으며, 양 극단을 피하면서 적절한 중간을 선호하는 선택이다. 사람 신생아의 몸무게가 대략 일정한 게 그 한 예로서, 너무 가볍거나 너무 무거운 신생아는 대개 건강하지 못하다. 지향선택은 평균 자체가 어딘가로 이동하지만 안정선택은 개체군이 더욱 평준화된다는 점에서 좀 미묘하다고 볼 수 있다. 하지만 야생에서 아주 흔히 볼 수 있는데, 다른 예로는 너무 밝거나 어두운 색을 띤 개구리보다 적당한 밝기의 위장색을 가진 개구리가 가장 오래 사는 현상을 들 수 있다. 양단선택은 양 극단이 동시에 선호되는 경우로 드물게 일어난다. 하지만 개체군의 변이를 증가시킨다는 점에서 흥미롭고 때로는 결국 서로 분리되는 결과를 낳기도 한다.

기린의 경우 높은 나뭇잎에 닿을 긴 목을 선호하는 선택이 일어나지만 개구리의 경우 극단적인 색깔보다 적을 속이기 쉬운 중간적인 색깔로 쏠리는 선택이 일어난다.

선택의 단위

UNITS OF SELECTION

30초 저자
루이즈 존슨

유전자는 복제하고, 세포는 분열하고, 개체군은 확산하고, 종은 분화한다. 주변에서 보는 생물들은 대개 이런 식으로 잘 살아간다. 그런데 자연 선택은 유전자, 세포, 개체, 개체군, 종 가운데 어느 수준에서 작용할까? 대부분의 생물학자들은 선택의 단위로 유전자를 고를 것이다. 유전자는 유전의 본체로서 다른 상위 단위들을 위해 그 자신을 상대적으로 더 정확히 복제해간다. 한편 개체에 이로운 적응은 유전자를 퍼뜨리는 데 유리하다. 또한 꿀벌이 다른 꿀벌들을 꽃밭으로 안내하기 위해 춤을 추는 행동은 같은 유전자를 널리 공유하는 데 유리하므로 집단에 도움이 된다. 따라서 이런 현상들은 유전자 수준의 선택으로 잘 설명된다. 유전자의 관점에서 보면 더 많은 수수께끼들도 이해할 수 있다. 한 예로 많은 암컷들을 수정시키는 데에 수컷은 한 마리로 충분한데도 불구하고 대부분의 유성생식 생물들은 대략 절반 정도의 수컷을 만드는 데 많은 자원을 낭비하는 것처럼 보인다. 유전자들 중 아주 많은 것들도 실질적으로 개체에 대해 하는 일은 별로 없지만 부지런히 염색체 이곳저곳을 자르고 복제하고 재결합한다. 사람의 경우 이러한 도약 유전자(jumping gene)는 전체 유전자의 절반쯤을 차지하는데, 우리 몸을 이루는 데에 필요한 유전자 수의 50배가 넘는다.

관련 주제
적응의 필요
61쪽
유전자
63쪽

3초 인물 소개
윌리엄 해밀턴
1936~2000
영국의 진화생물학자로 혈연선택과 이타심에 대한 이론적 연구로 이름을 떨쳤다.

바바라 매클린톡
1902~1992
미국의 유전학자로 1983년 노벨 생리의학상을 받았다.

3초 준비
유전자는 더 많은 유전자를 만들기 위해 벌을 만든다. 벌은 더 많은 벌을 만들기 위해 벌떼를 이룬다. 이 셋은 모두 번식하는데, 진화는 누가 하나?

3분 생각
알고 보면 생물의 대부분을 차지하는 단세포생물은 세포가 곧 개체이다. 반면 동물은 수많은 세포들이 집단적으로 협력하며 살아가는 개체이므로 각 세포가 임의로 번식하면 암이 된다. 그래서 동물은 세포 수준의 진화를 억제하는 방향으로 진화해왔다. 우리 몸 세포들의 분열 횟수에 대략의 선천적인 한계가 있는 까닭은 위와 같이 설명할 수 있다.

**꿀벌이 다른 꿀벌들을 꽃밭으로 안내하기 위해 추는 춤은
집단을 이롭게 하는 적응에 의해 이루어졌다.**

진화의 역사와 멸종

진화의 역사와 멸종
용어해설

가이아가설 '가이아(Gaia)'는 지구를 뜻하는 옛 그리스어로서 지구를 의인화한 여신을 가리키기도 한다. 영국의 환경보호론자 제임스 러브록(James Lovelock, 1919~)은 지구의 전 생태계를 자율적인 하나의 유기체로 볼 수 있으며, 생물은 환경과의 상호작용을 통해 진화한다는 생각을 펼쳤고, 이를 가이아가설이라고 부른다.

내부공생 '엔도(endo)'는 '내부'라는 뜻이므로 이는 한 세포가 다른 세포 안에 들어가서 함께 살아가는 관계를 가리킨다. 진핵세포의 발전소 역할을 하는 미토콘드리아는 다른 단세포 생물과 내부공생을 하는 세균에서 유래한 것으로 여겨지고 있다.

단공류 보기 드문 포유류의 한 목(目, order)으로 배설과 생식 기능을 함께 하는 하나의 구멍을 가졌다는 점이 특징이다('monotreme'은 '하나의 구멍'이란 뜻). 옛날에는 꽤 많았지만 오늘날에는 오스트레일리아의 오리너구리와 바늘두더쥐가 남아 있을 뿐이다.

단속평형(설) 생물은 오랫동안 약간의 진화를 하다가 때가 되면 단기간에 빠르게 진화하여 새로운 종으로 나뉜다는 이론. 미국의 생물학자 스티븐 제이 굴드(Stephen Jay Gould, 1941~2002)가 대표자인데, 점진적인 변화가 누적되어 새로운 종이 나타난다고 보는 계통점진설(phyletic gradualism)의 가장 유력한 대안 이론이다.

대멸종 지구상 생명체의 다수가 소멸한 사건이나 기간을 가리킨다. 대멸종이 일어나면 생물다양성이 크게 감소하는 반면 새로운 종은 이전에 다른 종이 지배했던 틈바구니에서 번성할 기회를 얻는다.

DNA 데옥시리보핵산 생물의 번식과 유전에 핵심적인 역할을 하는 기다란 분자. 잘 알려진 이중나선 구조는 핵산분자들이 평행으로 길게 배열되어 만들어졌으며, 그 다양한 서열에 컴퓨터의 자료에 비교되는 정보들이 저장되어 있다.

RNA 리보핵산 단백질을 만드는 데에 핵심적인 역할을 하는 분자로 크게 세 가지가 있다. '메신저 RNA'는 DNA의 유전자가 있는 부분에서 만들어지며, 핵의 밖으로 나와 리보솜에서 단백질로 번역되는데, 리보솜은 '리보솜 RNA'로 이루어져 있다. 이렇게 단백질을 만드는 데 필요한 아미노산은 '운반 RNA'가 리보솜으로 운반해준다. 어떤 바이러스의 게놈은 DNA가 아니라 RNA로 이루어져 있다.

미분류 화석 유기체의 구조를 보여주는 작은 화석들로서 분류하기가 곤란한 것들의 총칭. 원어는 '기원이 불확실한'이란 뜻을 갖고 있다. 오래된 것은 30억 년 전까지 거슬러 올라가는데 5억 4,000만 년에서 2억 5,000만 년 전의 고생대 기간에서 가장 많이 발견된다.

분자시계 종들은 공통의 조상에서 유래했으므로 DNA의 배열 차이를 이용하여 진화의 상대적 시간을 추정할 수 있다는 생각을 나타낸다. 그 배경에는 DNA의 변화가 거의 일정한 속도로 진행될 것이라는 전제가 깔려 있다.

세포기관 진핵세포 안에 있는 기관들로 미토콘드리아와 색소체 등이 있으며 대개 자체의 막으로 둘러싸여 있다. 하지만 메신저 RNA를 단백질로 번역하는 리보솜과 같이 막이 없는 '분자 기계'들을 가리키는 데에도 쓰인다.

완족류 문자 그대로의 뜻은 '팔 모습의 다리를 가진 무리'이다. 바다에 사는 무척추동물의 한 문(門, phylum)으로 일부가 옛날의 등잔을 닮아서 때로 '등잔 갑각류(lamp shells)'라고도 부른다. 경첩 구조로 결합된 두 껍질은 상하로 여닫히지만, 홍합이나 쌍각류 조개의 두 껍질은 좌우로 여닫힌다. 대부분의 완족류는 육경(肉莖)이라 부르는 닻 역할을 하는 육질의 기관으로 바위 등의 표면에 부착한다.

유전적 부동 특정 유전자의 출현 빈도가 선택이 아닌 임의적 과정에 의해 변동하는 현상.

종분화 새로운 종이 나타나는 현상으로 대개 특정한 변이를 선호하는 환경의 선택에 의해 일어나지만 유전적 부동에 의해 일어나기도 한다.

진핵세포 내부에 핵을 가진 세포를 말하는데, 핵은 막으로 둘러싸인 구조체로 유전물질의 대부분을 갖고 있다. 동물과 식물과 균류 등을 포함하여 둘 이상의 세포를 가진 모든 생물은 진핵세포 생물이다. 이와 반대되는 원핵세포(prokaryotic cell)에는 핵이 없고 세균과 고세균 등의 세포가 이에 속한다. 어원적으로 'eukaryote'는 '좋은 씨앗', 'prokaryote'는 '씨앗 이전'이라는 뜻을 나타낸다.

캄브리아기 고생대의 가장 초기 시대로 5억 4,000만 년에서 4억 8,500만 년 전의 기간을 가리키며, 오늘날 보는 동물 형태의 대부분이 나타났다. 특히 '캄브리아 폭발'이라고 부르는 5억 4,000만 년에서 2억 5,000만 년 전 사이에 해양 동물의 종류가 급격히 증가했다.

생명의 출발

HOW LIFE BEGAN

관련 주제

변성과 원형
21쪽

변이와 선택
23쪽

조상과 연대
141쪽

3초 인물 소개

스탠리 밀러
1930~2007
미국의 생화학자로 간단한 화학물질들로부터 생물을 구성하는 분자들이 어떻게 생성될 수 있는지를 보여주었다.

월터 길버트
1932~
미국의 생물학자이자 물리학자로 'RNA 세상'의 개념과 이름을 제창했다.

철학자들은 "왜 우리가 존재하느냐?"고 묻겠지만 생물학자들의 진짜 의문은 "화학물질들이 어떻게 생명이 되었는가?"이다. 기이하게 여겨지기도 하겠지만 생명의 성분들은 별에서 왔을 수 있다. 생명은 특별한 일련의 화학반응들을 통해 유지되는데, 이에 쓰이는 성분들은 혜성이나 운석에서도 발견된다. 게다가 이 과정은 우주 공간의 물과 먼지가 햇빛과 같은 에너지를 만나는 곳이면 어디서나 진행될 수 있다. 예컨대 살아 있는 모든 세포를 '라이프 2.0'이라는 프로그램에 의해 돌아가는 컴퓨터라고 상상해보자. 그렇다면 라이프 1.0은 무엇이고 어떻게 작동되었을까? 우리의 살아 있는 컴퓨터의 핵심부에는 기다란 RNA 가닥에 새겨진 명령을 읽고 그에 따라 단백질을 만드는 프로세서가 있다. 이 프로세서 자체도 RNA의 사슬로 되어 있으며 하나의 RNA 분자를 태워 에너지원으로 삼는다. 우리의 살아 있는 컴퓨터에는 이처럼 RNA로 만들어지고 RNA로 작동하는 기계들이 다수 존재한다. 월터 길버트 같은 과학자들은 이런 발견에서 영감을 얻어 비활성의 화학물질들이 생명으로 변했던 시기를 추정하는 한편 모든 생명이 끊임없이 자기복제하고 진화하는 거대한 RNA의 풀에서 떠도는 미래를 상상한다. 이를 토대로 길버트는 우리의 세상이 고대의 RNA 세상으로부터 탄생했다고 주장한다.

30초 저자
벤 뉴먼

3초 준비
어쩌면 RNA는 하늘에서 온 것 같다. 또한 RNA는 생명을 작동시키는 진정한 근원인 것 같다.

3분 생각
RNA에 생명의 근원이 있다고 보는 생각의 실마리는 자기복제를 하는 특이한 RNA를 가진 바이러스에서 얻어졌는데, 감기와 에이즈 바이러스도 이에 속한다. 이 밖의 다른 생물들은 생물학적 기능이 비슷하므로 이것들은 RNA 왕국의 마지막 흔적이라고 말할 수 있다. 이 바이러스들은 우리 안에 외계 생물체처럼 존재하지만, 우주에서가 아니라 아득한 과거에서 왔을 뿐이다.

우리는 우주 먼지와 물과 햇빛의 소산인가?
월터 길버트는 지구의 생명이 자기복제하는 RNA 풀에서
생성되었다는 가설을 제시했다.

지질학적 기록

관련 주제
변성과 원형
21쪽

진화의 속도와 멸종
87쪽

3초 인물 소개
아서 홈스
1890~1965
영국의 지질학자로 암석의
연대 측정법을 연구했다.

린 마굴리스
1938~2011
미국의 생물학자로 세포
내공생(내부공생) 이론을
제창했다.

**지구의 가장 오랜
역사는 퇴적암 속에
있는 '기원이 불확실한'
이란 어원을 가진
미분류 화석들을
분석함으로써
추적할 수 있다.**

30초 저자
벤 뉴먼

3초 준비
미세한 세균의 트림이 거
대한 용트림이 되어 오늘
날 우리를 둘러싼 생명계
의 모든 국면을 빚어낸 진
화를 도출했다.

3분 생각
미분류 화석은 우리에게
또 무엇을 말해줄 수 있을
까? 그 대부분은 우리가
생명의 나무에 써넣으려
고 분투하는 생물학적 수
수께끼들이다. 하지만 이
로부터 우리가 알게 된 것
의 하나로는 약 10억 년
전에 가시 달린 갑옷으로
무장한 동물들이 나타났
다는 사실이다. 이 때문에
다세포 포식자들의 삶은
고달파졌고, 더 큰 동물들
이 종분화를 할 때마다 이
들도 따라서 분화했다. 그
리고 이후 모든 대멸종의
와중에서도 살아남았으
며, 따라서 그것들이 무엇
이든 우리의 운명은 언제
나 이와 얽혀왔다.

지구의 역사는 암석에 새겨져 있다. 그래서 수많은 이야기를 품고 우리의 발아래에 켜켜이 쌓여 있다. 마치 스크랩북과 같은 이 층들은 기념품들로 가득 차 있는데 인류의 역사보다 50만 배나 긴 세월에 걸쳐서 만들어졌다. 그 첫 페이지는 금속들이 뜨겁게 녹아 흐르고 숨 쉴 공기도 없어서 생명은 전혀 살 수 없는 십억 년가량의 세월을 전해준다. 이윽고 35억 년 전쯤 산소의 생성과 함께 전환기가 찾아왔는데, 이는 광합성 세균들이 기체 상태로 내뿜는 폐기물이었다. 이렇게 나온 산소는 규소, 인, 칼슘 등과 반응하여 물에 녹는 새로운 화합물들을 만들었다. 이처럼 산소를 가진 화합물의 농도가 아주 높아지면 바위를 뒤덮는 결정성의 막이 형성되기도 했다. 그런데 때로 살아 있는 생물체를 감싸기도 했으며, 미분류 화석은 이러한 초기 생물체로부터 주로 만들어졌다. 따라서 미분류 화석을 분석하면 진화의 초기 단계를 파헤칠 수 있겠지만 이 작업은 아주 어렵다. 마치 불이 불쏘시개를 태우듯 산소는 분자들을 쉽게 태울 수 있으므로 초기의 생물들은 이 유독한 기체가 축적되어 감에 따라 숨거나 죽거나 적응하여 진화해야 했다. 어쩌면 산소 농도의 증가에 의해 몇몇 세포들이 서로를 품으면서 함께 살아가는 세포내공생(내부공생)의 관계를 이루었던 것 같다. 그리고 20억 년 전의 이 예외적인 세포 안 세포 구조의 생존자들로부터 버섯과 나무에서 인간에 이르는 방대한 종들이 유래한 것으로 보인다.

지질학적 변화와
포유류의 진화

GEOLOGICAL CHANGE & MAMMALIAN
EVOLUTION

오랜 세월과 방랑은 진화와 지질 변화의 공통 요소이다. 종과 암석의 변화에는 오랜 세월이 걸리므로 연구하기가 쉽지 않다. 또한 대륙은 용용 상태의 맨틀 위에서 떠돌기에 언제 어디서 지질학적 사건들이 일어났는지를 판단하기가 어렵듯 종들도 환경의 변화에 따라 끊임없이 새로운 서식지를 찾아 떠돌므로 진화에 대한 우리의 이해도 많은 혼란을 겪는다. 이런 상황에서 화석은 많은 도움이 되지만 자연계에는 살아 있는 타임캡슐도 있으며, 이는 다른 곳에서는 사실상 사라진 종들을 보존하고 있는 특별한 지역을 가리킨다. 그 대표적인 예로는 아시아와 오스트레일리아를 잇는 여러 섬들을 들 수 있다. 앨프리드 러셀 월리스는 이 섬들에서 상대적으로 원시적인 오스트레일리아 생물과 비교적 현대적인 아시아 생물들 사이의 점진적인 변화를 목격했다. 오스트레일리아의 오리너구리는 알을 낳는 신기한 포유류로서, 성을 결정하는 염색체가 사람은 X와 Y의 둘뿐임에 비해 10개나 된다. 또한 꿀먹이주머니쥐는 포유류 가운데 가장 작은 새끼를 낳는다. 그리고 오스트레일리아 포유류의 머리카락이나 젖의 생성 과정은 지난 1억 년 동안 거의 변하지 않았음에 비해 사람이 자식을 기르는 방식은 엄청난 변화를 겪었다.

30초 저자
벤 뉴먼

3초 인물 소개
앨프리드 러셀 월리스
1823~1913
영국의 진화 이론가이자 생물지리학의 아버지.

3초 준비
포유류의 진화가 진행되는 동안 지각 변동이 일어나 오스트레일리아는 아시아에서 떨어져나갔고, 이 때문에 오스트레일리아에서는 독특한 단공류와 유대류가 나타났다.

3분 생각
왜 대부분의 포유류는 알을 낳지 않게 되었을까? 다행이든 불행이든 원인은 바이러스인 것 같다. 에이즈 바이러스의 먼 친척인 이 바이러스는 포유류를 철저히 감염시켜 오늘날 우리의 DNA에도 수천 개의 복제 파편들이 흩어져 있다. 그중 신시틴(syncytin)이라고 부르는 한 부위는 지금도 작동하고 있다. 이것 때문에 임신부는 양분과 산소를 자궁을 통해 전달하므로 사실상 걸어 다니는 알이나 마찬가지다.

신기한 포유류들: 꿀먹이주머니쥐의 몸무게는 생쥐의 절반에 불과하며 오리너구리는 알을 낳는 다섯 포유류들 가운데 하나다.

1938년 3월 5일
시카고에서 출생

1952년
시카고대학교 부설 실험학교에
입학하다

1957년
천문학자이자 대중과학
저술가인 칼 세이건(Carl
Sagan)과 결혼하다

1960년
위스콘신–매디슨대학교에서
생물학 석사학위를 받다

1965년
버클리의
캘리포니아대학교에서
박사학위를 받다

1967년
진핵생물의 세포기관은
독립적인 유래를 가졌다는
가설을 처음 제시하다

1967년
크리스토퍼 토머스 마굴리스와
결혼하다

1970년
『진핵세포의 기원』이라는
기념비적 저서를 출간하다

1978년
마굴리스의 내부공생 개념이
슈바르츠(Schwartz)와
데이호프(Dayhoff)의 논문으로
인정을 받다

1983년
미국 국립과학원 회원으로
선출되다

1988년
애머스트의
매사추세츠대학교로 자리를
옮기다

1999년
빌 클린턴 대통령으로부터
국가과학상을 받다

2008년
다윈–윌리스상을 받다

2011년 11월 22일
애머스트의 매사추세츠에서
사망

린 마굴리스

린 마굴리스가 이름을 떨치게 된 가장 큰 계기는 박사학위를 받은 지 채 2년이 지나지 않은 29세 때 찾아왔다. 그녀는 내부공생의 아이디어를 제시했는데, 이는 초기의 어떤 세포들이 세균을 끌어들여 세포기관으로 삼게 됨에 따라 더욱 복잡한 구조로 진화하게 되었다는 주장이었다. 이렇게 함으로써 식물은 광합성으로 에너지를 얻게 되었고, 식물은 물론 동물도 산소를 처리해 에너지를 얻을 수 있게 되었다.

처음에 마굴리스의 아이디어는 무시되었고 그녀의 첫 논문은 여러 번 기각된 뒤에야 비로소 《이론생물학지》에 실릴 수 있었다. 부분적으로 그 이유는 진화론의 지배적인 흐름이 임의적인 돌연변이에 초점을 맞추고 있었던 데에서 찾을 수 있다. 마굴리스는 서로 모두 이익을 얻을 수 있는 공생 관계가 미생물의 수준에서는 더욱 중요하고 따라서 복잡한 생물이 아직 나타나지 않았던 지구 탄생 이후 30억 년 동안의 초기 진화에서 중요한 역할을 했다는 주장을 내놓음으로써 스스로 '초다윈 정통주의'라고 불렀던 경향에 도전했다.

시카고에서 지냈던 대학생 시절에 그녀는 첫 남편이 된 칼 세이건을 만났는데 그는 그녀와 얽혔던 두 과학적 이단아 중 한 사람이었다. 다른 한 사람은 제임스 러브록이며 이들은 1970년대에 가이아가설을 중심으로 논쟁을 벌이면서도 협력했다. 이에 따르면 지구는 지질과 기상과 생명의 상호작용을 스스로 제어하면서 이 모두의 영속적 삶을 도모하는데, 그런 과정에서의 어떤 변화들은 개별 종에 대해서는 재앙이 될 수도 있다. 사실상 가이아의 환경과 생명들 사이의 거대한 공생 관계로 이해할 수 있다. 하지만 마굴리스는 동시에 지구와 그 노폐물은 서로 구별되지 않는다는 점에서 지구는 진정한 생물이 아니라고 강조하기도 했다.

복잡한 세포들이 공생으로부터 유래했다는 마굴리스의 주장이 실험적 증거를 통해 받아들여지기까지는 10년이 넘는 세월이 걸렸다. 로버트 슈바르츠와 마거릿 데이호프는 사이언스지에 투고한 논문으로 이를 뒷받침했는데, 그 제목은 "원핵세포, 진핵세포, 미토콘드리아 및 엽록체의 기원"이었다. 여기서 그들은 엽록체가 남조류와 공통의 가까운 조상을 가지며, 미토콘드리아는 로도스피릴라세라는 세균과 조상이 같다는 사실을 밝혔다.

마굴리스가 나중에 내놓은 아이디어들은 생물학의 주류에 합류하지 못했다. 그녀는 공생 관계가 세포들 사이의 DNA 이동을 허용한다는 점에서 유전적 변이의 주된 배경이라고 주장했고, 인간 면역 결핍 바이러스(HIV)가 에이즈의 원인이란 점에 의문을 표했으며, 변태를 하는 종들의 유충과 성체가 같은 조상으로부터 진화하지 않았으리라는 가설을 지지하기도 했다. 이런 주장들은 이제 소수의 견해로 여겨지지만 아무튼 생물학의 기존 체계에 대한 위대한 도전자로서의 지위는 엽록체와 미토콘드리아가 세균에서 유래했다는 그녀의 첫 아이디어에 의해 성공적으로 확립되었다는 점에는 의문의 여지가 없다.

주요 식물과 동물의 출현

EMERGENCE OF MAJOR PLANT & ANIMAL
GROUPS

30초 저자

벤 뉴먼

관련 주제

낯익은 식물과 동물들은 언제 처음 나타났을까? 화석과 유전자가 함께 그 이야기를 들려준다. 대부분의 동물군은 캄브리아기에 출현했다. 최초의 동물 화석들 가운데는 빗해파리가 있는데, 젤리 같은 몸에 다채로운 빛을 내는 생물로 오늘날에도 깊은 바다 속에서 깜박인다. 놀랍게도 5억 4,000만 년 전 어린 빗해파리의 입체적 구조를 잘 보여주는 화석이 중국에서 발견되었는데, 2014년에 밝혀진 게놈 서열에 따르면 그 유전자들은 다른 낯익은 동물들에서 발견되는 것들보다 오래되었다. 또한 신경과 근육처럼 작용하는 기관들도 다른 동물들의 것들과 독립적으로 진화한 것으로 보인다. 오늘날 보는 육상식물들은 캄브리아기의 해양생물들보다 훨씬 뒤늦게 나타났다. 최초의 이끼 같은 육상식물은 빛을 좋아하는 조류에서 유래했을 텐데, 연못이나 어항에 녹색 안개처럼 떠도는 게 바로 이것들이다. 조류는 모양이 파래로부터 거대한 해초 숲에 이르기까지 다양해서 화석으로 식별하기가 어렵다. 확인된 최초의 육상식물 화석은 약 4억 3,000만 년 전의 것인데, 최초의 꽃 화석이 나타낸 때로부터 2억 4,000만 년 전쯤밖에 되지 않는다.

3초 준비

최초의 해파리는 영리하게도 캄브리아기의 무성한 조류들 사이에서 번성했다. 꽃이 피기까지 3억 년을 기다린다는 것은 너무 무모한 일이기 때문이었다.

3분 생각

각각의 화석은 모두 아주 운이 좋다. 물론 먼저 죽어야 한다는 것은 불운이지만 이어서 때맞추어 이를 보존하기 위해 세균과 광물질이 찾아오는 것은 행운이다. 살아 있을 때부터 부분적으로 광물질을 지닌 것은 화석이 될 확률이 높다. 예컨대 뼈는 인회석이라는 광물질로 되어 있고, 식물은 규소를 많이 저장하고 있다. 따라서 이 둘은 화석의 기록으로 남기가 쉽다.

**빗해파리는 5억 년 이상 살아오고 있는데,
그 유전자는 별도의 진화적 역사를
가진 것으로 보인다.**

진화의 속도와 멸종

EVOLUTIONARY RATES & EXTINCTIONS

30초 저자
크리스 벤디티

3초 인물 소개
스티븐 제이 굴드
1941~2002
닐스 엘드리지
1943~
미국의 고생물학자이자
진화생물학자들로 단속평
형설을 제창했다.

3초 준비
진화를 점진적 과정으로
보는 관점은 매력적이다.
하지만 지구처럼 역동적
인 행성에서 과연 정말로
그랬을까?

3분 생각
진화가 점진적인지 산발적
인지에 대해 자주 논란이
일지만 아마 과거와 미래
에 걸쳐 두 관점이 모두 옳
을 것 같다. 종들은 급격한
변화를 맞을 수 있으며 지
질학적 시간처럼 긴 기간
동안에는 분명 그러하다.
지구에 생명이 출현한 뒤
에도 지구의 온도와 지형
구조는 엄청난 변동들을
겪었다. 이 밖에도 많은 요
소들이 있으며, 그 모두는
당연히 진화의 속도에 많
은 영향을 주었을 것이다.

똑딱똑딱…… 전통적으로 내려오는 진화에 대한 다윈적 관점에 따르면 형태와 유전적 변이가 시간의 함수로 누적되어 종들이 점진적으로 나타나고 소멸해간다. 이는 바로 분자시계라는 관념의 핵심 배경으로, 수백만 년의 세월에 걸쳐 유전적인 돌연변이들이 믿을 만한 일정한 속도로 DNA에 누적된다고 한다. 이게 옳다면 종들의 분화나 종 집단들의 분화 시기를 추정하는 데 강력한 도구가 된다. 이러한 점진적 관점은 여전히 설득력이 있지만 이와 반대되는 산발적 관점도 차츰 주목을 받고 있다. 이 같은 변화는 1970년대 초에 엘드리지와 굴드가 많은 논란을 불러일으킨 단속평형설을 내놓으면서 일어났는데, 이에 따르면 대부분의 진화적 변화는 종분화가 집중된 시기에 일어났다고 한다. 이들의 연구는 화석 기록에 나타난 형태적 증거에 기초했지만 최근에는 유전자 수준에서도 단속적인 변화들이 관찰되고 있다. 나아가 멸종이 점진적이라는 전통적 관점도 대멸종의 시점들이 밝혀짐에 따라 비슷한 도전을 받고 있다. 어떤 대멸종의 경우 지구상 생물의 90퍼센트 이상이 소멸하기도 했는데, 이처럼 큰 사건이 일어나면 생물계의 구조에 대규모의 변화가 나타날 것은 자명하다. 하지만 이에 소요되는 시간은 지질학적 관점에서 보면 순간이나 마찬가지다.

**시간은 흐르는데,
진화와 멸종은 점진적인가 산발적인가?**

캄브리아 폭발의 수수께끼

THE MYSTERY OF THE CAMBRIAN
EXPLOSION

3초 인물 소개
찰스 다윈
1809~1892
영국의 박물학자이자 지질학자로 캄브리아기에 왜 폭발적인 다양성이 나타났는지에 대한 설득력 있는 이론적 근거를 제시했다.

린 마굴리스
1938~2011
미국의 진화생물학자로 캄브리아 폭발 동안 생물이 어떻게 출현했는지에 대해 멋들어진 설명을 내놓았다.

5억 년쯤 된 암석을 살펴보자. 거기에는 오늘날 동물들의 축소 모형처럼 보이는 화석들이 담겨져 있을 것이다. 물론 약간의 차이는 있다. 최초이 오징어는 촉수가 둔뿔이고, 거미이 오랜 친척은 머리가 갈라져 있고 다리도 10개가 넘는다. 하지만 전체적인 체형은 오늘날의 것들과 별로 다르지 않다. 그런데 어떻게 이렇게 되었을까? 이보다 2,000만 년만 더 거슬러 올라가면 상황은 딴판이어서 생물들의 모습은 알아보기 어려울 정도로 기이하다. 낯익은 해파리와 같은 생물들이 몇 미터에 이르는 갈비뼈 모양의 구조를 가진 디킨소니아 렉스(*Dickinsonia rex*)나 오이 모양의 신축적인 구조를 갖고서 먹이를 찾아 돌아다닌 곳마다 긁힌 자국을 남긴 킴버렐라(*Kimberella*)와 함께 바다 속에서 살았다. 신기하게도 이 원시적인 해양생물들은 거의 모두 머리라고 부를 만한 구조를 갖고 있지 않은데, 이에 이어서 바로 수수께끼와 같은 캄브리아 폭발이 일어났다. 오늘날 우리는 지구가 빙하기와 온난기를 빠르게 오간다는 사실을 알고 있다. 그렇다면 원시적인 머리를 갖도록 진화한 종들만 캄브리아기의 극심한 기후 변화를 극복하고 살아남았다는 말일까? 애석하게도 이에 대한 화석적 증거는 드물다. 하지만 구체적 과정이야 어떻든 2,000만 년에 걸친 세월 속에서 머리 없는 기이한 생물들은 차츰 현대적 구조를 가진 종들에게 무대를 넘겨주고 사라졌다.

30초 저자
벤 뉴먼

3초 순비
캄브리아기의 기상 재앙이 우리의 먼 조상이 앞으로 나아가는 데 요긴했던 돌파구였을까?

3분 생각
진화의 변화는 갑작스럽게 보일지 모르지만 캄브리아 폭발은 생물학적 빅뱅이라기보다 점진적인 변태와 비슷했을 것이다. 배아 단계에서의 사소한 차이가 성체에서는 큰 차이로 나타날 수 있다. 예컨대 가장 단순한 단세포동물들의 껍질 성분인 콜라겐과 라미닌을 만드는 유전자는 다세포동물의 세포들을 엮는 유전자와 같은 것들이다. 동물들은 같은 유전자를 사용하되 상황에 따라 다른 방식으로 활용할 뿐이다.

타원형의 디킨소니아 렉스(*Dickinsonia rex*)는 캄브리아기 이전의 바다에 살던 기이한 생물들 중의 하나다.

대멸종

GREAT EXTINCTIONS

30초 저자
벤 뉴먼

화석은 때로 생물들의 삶보다 죽음에 대해 더 잘 기록한다. 6,500만 년 전 공룡의 멸종은 거대한 소행성의 충돌로 촉발되었던 것 같다. 하지만 이보다 더 대규모의 수수께끼 같은 멸종은 2억 년이 앞선 페름기 말에 일어났다. 페름기에는 많은 다리를 가진 삼엽충들이 불가사리를 닮은 바다나리들로 덮인 바다의 바닥을 파헤치고 다녔다. 이후 무슨 일이 일어났는지 아무도 잘 모른다. 하지만 페름기의 암석은 엄청난 양의 이산화탄소가 바닷물에 녹아들었다는 사실을 보여준다. 이는 물에 있는 칼슘과 결합했고 그렇게 만들어진 탄산칼슘의 농도가 높아지자 마치 사해의 소금처럼 결정화되기 시작했다. 이러한 페름기의 탄산칼슘이 통째로 만든 산맥들을 오늘날에도 전 세계에서 찾아볼 수 있다. 그 결과 해양생물의 약 10분의 9가 사라졌고 생태계가 처참히 황폐해졌으므로 살아남은 생물이 있다는 것 자체가 놀라울 정도이다. 하지만 캄브리아기 초기에서 보았듯 대재앙은 새로운 종들이 폭발적으로 출현할 계기가 되기도 한다. 이 생존자들로부터 공룡이 나왔고, 현대의 곤충과 첫 포유류도 생성되었다. 그런데 오늘날 다시 기후가 변하고 이산화탄소가 페름기 말처럼 증가하고 있다는 징후가 보인다. 페름기 말이 전해주는 교훈이 있다면 그것은 대멸종이 한 번 시작되면 저지하기 어렵다는 사실일 것이다.

3초 준비
지구상의 생명들은 바라보기만 하면 돌로 바뀌게 하는 메두사의 눈길을 피하기 어려웠다. 페름기에 방출된 엄청난 이산화탄소가 석회암의 두꺼운 껍질이 되어 대지를 뒤덮었기 때문이다.

3분 생각
왜 그리 많이 죽었을까? 오늘날 보는 굴의 껍질과 같이 수많은 해양생물들이 탄산칼슘을 이용하여 돌과 같은 방어 수단을 만들도록 진화했다. 열대의 암초는 아주 빠르게 자랐기에 산호의 나이는 날마다 형성되는 나이테를 헤아리면 알 수 있을 정도였다. 하지만 바다의 화학적 조성이 바뀌면서 탄산칼슘이 이 생물들을 압도했다. 그리하여 바다 전체에 걸쳐 먹이사슬의 하단부가 사실상 바위로 변함에 따라 굳건했던 집들은 벗어날 수 없는 무덤으로 변했다.

분자식이 $CaCO_3$인 탄산칼슘은 페름기 말의 대멸종을 초래했다. 오늘날의 기후 변화가 우리를 그때의 상황으로 몰아가는 것은 아닐까?

멸종의 원인

CAUSES OF EXTINCTION

30초 저자
벤 뉴먼

3초 인물 소개
찰스 다윈
1809~1892
영국의 박물학자이자 지
질학자로 멸종의 원인을
연구했다.

파울 크뤼천
1933~
'Anthropocene(인류세)'이
란 용어를 만들어 널리 퍼
뜨린 네덜란드의 화학자.

다윈은 멸종이 점진적으로 일어남을 깨달았다. 종들이 줄어들다가 마침내 경쟁이나 다른 불행한 사태가 닥쳐 벼랑 끝으로 밀어붙인다. 5억 4,000만 년 전 물속의 멸종에서 겨우 살아남은 완족류를 보자. 이들은 조개를 닮았지만 굶주림을 견딜 수 있게 천천히 자라는 방식으로 적응했다. 완족류는 페름기 말 바다를 가득 채운 메탄과 탄산칼슘의 재앙 속에서 거의 멸종될 뻔했다. 그런데 살아남은 완족류는 유전다양성을 너무 많이 잃었거나 느려진 신진대사 때문에 경쟁에서 뒤처지게 되었을까? 원인이야 어떻든 조개류는 다시 회복되었지만 완족류는 그러지 못했다. 5,000만 년이 흘러 기후의 변화와 바다의 산성화로 초래된 트라이아스기 말의 멸종에서 완족류의 다양성은 더욱 감소했다. 그리고 마지막으로 외계에서 날아온 소행성이 공룡 왕국을 무너뜨렸을 때 완족류는 고립된 몇 종만 겨우 남게 되었다. 캄브리아 폭발에서 지배적인 화석 생성자로 전성기를 구가하다가 너무 깊거나 차가워 조개류는 살 수 없는 곳에서 겨우 목숨을 연명해 가는 완족류는 이처럼 멸종의 위기들을 가까스로 모면해왔다. 오늘날 인간은 해저부터 우주까지 우리 환경의 곳곳에 식민지를 만들 수 있게 되었다. 하지만 동시에 우리 자신이 멸종의 주요 원인으로 떠오르기도 했다. 다음의 대멸종이 닥칠 때 우리는 공룡처럼 사라질까 아니면 완족류처럼 뻔뻔하게 살아남을까?

**생명의 저울은
완족류와 조개류를
가늠하고 있지만
지금껏 모두
살아남았다.
인간도 그럴까?**

3초 준비
완족류의 교훈은 멸종이 삶의 경쟁 자체를 없애는 게 아니라 단지 선수와 약간의 규칙들만 바꾼다는 것이다.

3분 생각
모든 생물은 특수한 환경에 적응하며 살아간다. 하지만 인간은 인간 친화적으로 자연을 바꿀 능력이 있다는 점에서 독특하다. 그런데 세상을 우리 자신의 형상에 맞도록 바꾸다 보니 우리는 우리 주위의 생물들, 곧 쥐, 바퀴벌레, 너구리, 금방망이 등이 번성하도록 조장하는 사태를 빚고 말았다. 이와 같은 이른바 인류세(인간의 시대)의 미래는 어찌 될까? 점점 줄어들어 소멸할까 아니면 기술이 멸종이란 깊은 골짜기의 다리가 되어 행복한 건너편으로 안내해줄까? 시간이 말해줄 것이다.

진행 중인 진화

진행 중인 진화
용어해설

각인 동물이 자라는 동안의 특정 나이 또는 단계에 나타나는 학습 행동의 하나. 가장 잘 알려진 예로는 사람의 아기가 부모를 인식하는 과정을 들 수 있는데, 특히 갓 태어난 새의 경우 대상이 새가 아니라도 움직이는 것이라면 무엇이든 애착하는 행동을 보인다.

계통/계통수 종들 사이의 진화적 관계를 보여주는 그림으로 때로 '생명의 나무'라고 부른다. 처음에는 겉보기의 특징을 토대로 작성했지만 오늘날에는 유전적 유사성을 더 중요시한다. 원어에 내포된 phylum(문, 門)은 생물분류법에서 계(界, kingdom)와 강(綱, class) 사이의 단계를 가리킨다.

공생관계 문자 그대로의 뜻은 '함께 산다'라는 것이라는 점에서 알 수 있듯 서로 다른 두 종이 긴밀한 관계를 맺고 살아가는 현상을 가리킨다. 예전에는 서로 순수하게 이익이 되는 대칭적 경우만을 뜻했지만 이제는 기생 관계처럼 약간 비대칭적인 경우도 포함한다.

공익성 동물들이 하위 군 속에서 각자에게 주어진 독특한 역할을 수행하는 현상. 대개 한 '여왕' 아래 같은 혈통을 가진 개체들이 영위하는 활동에서 뚜렷이 관찰된다. 이때 하위 군에 속하는 개체들은 다른 역할에 대한 능력은 대개 상실한다. 개미, 벌, 말벌, 흰개미의 개체군들이 잘 알려져 있지만 뒤지와 같은 포유류도 있다. 'eusocial'은 문자 그대로는 '사회에 유익한'이란 뜻이며, 따라서 조직화가 가장 잘 이루어진 집단들을 암시하고 있다.

동역 종분화 이역 종분화와 달리 동역 종분화는 같은 환경에 있는 하나의 종에서 일어나는 종분화를 뜻한다. 대개 이는 유전적 차이로 인해 같은 종에 속하면서도 어떤 이유로든 교배가 방해받을 경우에 일어난다.

상호작용 서로 연계되어 진행되는 두 진화 과정. 예를 들어 어떤 환경 속의 종이 진화하면 환경에 영향을 줄 수 있는 반면 환경에 변화가 일어나면 종의 진화에 영향을 줄 수 있다는 식으로 교호하는 현상을 가리킨다.

유전다양성/유전자풀 어떤 종 안에서 생길 수 있는 유전자 결합 방식의 범위로 개체군 안에 존재하는 서로 다른 변이들의 수로 이해할 수 있다. 이 다양성의 범위가 넓을수록 환경의 변화에 대처하여 살아갈 수 있는 개체도 있을 가능성이 많으므로 이는 어떤 개체군의 환경 변화에 대한 적응성의 척도가 된다. 반면 유전다양성이 낮으면 자연선택의 여지도 좁아지므로 진화에 불리하다. 유전자풀은 어떤 개체군이 갖고 있는 유전자 전체의 집합을 가리킨다.

이역 종분화 같은 종의 개체군들이 서식지의 많은 변화로 인해 서로 고립되어 지내면서 일어나는 종분화. 교배가 이루어지지 않은 채 서로 다른 환경적 압력을 받아 독립적으로 진화함으로써 일어나게 된다.

자연선택 다윈의 진화론이 내세우는 핵심 메커니즘. 생물은 이에 의해 주어진 환경에 가장 알맞은 형질을 가진 개체들이 더욱 많이 살아남아 후손을 늘림으로써 진화의 흐름을 바꾸게 된다. 따라서 자연히 다른 형질을 가진 개체는 줄어든다. 이전부터 동식물의 품종 개량에 이용되었던 인공선택에 대조되는 관념으로 정립되어 진화론에 포함되었다.

적응 방산 하나의 종으로부터 새로운 종들이 빠르게 생성되는 현상. 환경에 변화가 일어나 생태적 적소가 많이 생길 때 특히 자주 일어난다.

탈출과 방산 공진화 탈출은 포식자나 환경의 압력에 대한 새로운 방어 수단을 갖도록 유전자에 변화가 생기는 현상을 가리킨다. 탈출이 성공하면 선택이 줄어들고, 이에 따라 이전에는 버려졌던 생태적 적소들을 활용할 수 있게 되어 종분화가 빠르게 진행되는 현상을 방산 공진화라고 부른다.

(동물)행동학 동물의 행동, 특히 자연환경에서 동물이 행동하는 양상에 대해 연구하는 분야를 가리킨다.

혈연선택 개체에게는 해로울 수도 있지만 개체와 관계가 있는 생물들에게 유익할 수 있는 방향으로 나아가는 진화 과정을 가리키며, 이에 의해 친족에게 이익이 되는 일을 위해 자신을 희생하는 이타적 행동들을 설명하기도 한다. 공익적 집단의 생식 능력을 상실한 개체들에서 뚜렷이 드러난다.

진화의 제약들

EVOLUTIONARY CONSTRAINTS

30초 저자
루이즈 존슨

3초 인물 소개
시월 라이트
1889~1988
미국의 유전학자로 적응지
형도의 개념을 제시했다.

물리 법칙은 하늘을 나는 돼지가 왜 없는지, 또는 적어도 다 큰 돼지의 몸무게를 가진 동물이 왜 하늘을 날 수 없는지 설명해준다. 하지만 날개를 가진 거미나 줄기가 나뉜 야자수는 왜 없는지에 대한 설명은 명확하지 않다. 진화의 제약은 물리학적 원인과 생물학적 원인들이 각각 또는 함께 작용하여 진화로부터 나올 수 있는 결과들에 어떤 한계를 설정한다는 점을 가리킨다. 편형동물이 납작한 까닭은 산소가 피부 안으로 깊이 확산되지 못하고(물리학적 원인) 산소를 섭취할 다른 수단을 갖고 있지 않기 때문이다(생물학적 원인). 이에 다른 동물들은 허파나 다른 호흡기를 진화시켜 이러한 제약을 벗어났다. 하지만 수수께끼와 같은 제약들도 많다. 새들의 목에 있는 등골뼈의 수는 다양하고 백조의 경우 25개에 달하기도 한다. 그러나 게르빌루스쥐에서 기린에 이르기까지 거의 모든 포유류는 7개로 고정되어 있다. 그 이유는 불명이지만 발생학적 차이에 있는 것 같다. 포유류도 여분의 목뼈를 갖는 경우가 많지만 이런 개체는 대개 다른 결함들도 많아서 번식 능력을 갖도록 살아남기가 어렵다. 환경의 변화도 여러 가지 제약을 낳는다. 한 예로 고래는 바다로 들어감으로써 중력의 제약으로부터 훨씬 자유로워졌다. 그리하여 육지 동물들 중 어느 것보다 더 큰 몸집을 가진 종들이 많다.

3초 준비
자연선택은 강력하지만 만능은 아니다. 모든 종이 진화하지는 않으며 진화의 한계도 종마다 다르다.

3분 생각
진화생물학자들은 비유적으로 적응이나 적성에 대한 지형도를 그려서 활용한다. 그 풍경에는 언덕과 계곡들이 있는데, 언덕은 잘 적응된 형질들이 모인 곳이고 계곡은 그 반대이다. 자연선택은 개체군을 위로만 몰아갈 뿐 아래로는 결코 향하지 않는다. 유전적 또는 발달적 경로 때문에 어떤 목적지에는 이를 수가 없다. 그 이유로는 도중에 깊은 계곡을 만나거나, 중간 형태는 살아남지 못하거나, 필요한 돌연변이가 일어나지 않거나, 경로가 아예 없다는 것 등을 들 수 있다.

**진화생물학자들이 사용하는 적응지형도는
자연선택에 의해 어떤 형질은 어떻게 발달하고 다른 어떤 형질은
어떻게 기각되는지를 보여준다.**

공진화

COEVOLUTION

관련 주제
적응의 필요
61쪽

성의 역설
121쪽

성과 진화적 무기 경쟁
133쪽

3초 인물 소개
찰스 다윈
1809~1892
영국의 박물학자로 『종의 기원』에서 공진화의 개념을 처음 언급했다.

폴 에를리히
1932~

피터 레이븐
1936~
미국의 생물학자들로 공진화의 개념을 선도적으로 사용했으며 식물과 나비 사이의 관계를 통해 공진화에 관한 획기적인 논문을 발표했다.

진화는 대개 어떤 생물이 살아가는 환경의 변화에 대한 대응이다. 하지만 환경에는 다른 생물들도 있으므로 공진화의 관점에서 보면 한 진화는 환경을 공유하는 다른 생물의 진화에 의해 일어나는 것이기도 하다. 이는 서로 영향을 미치는 생물들 사이에서의 이야기이지만 때로는 한 생물 안에서 서로 영향을 미치는 기관들 사이에도 적용된다. 공진화의 가장 선명한 예로는 흔히 포식자와 피식자, 숙주와 기생충, 공생 관계의 생물들을 든다. 그러나 어떤 환경에서 주어진 자원을 놓고 다투는 모든 종들이 공진화의 압력을 받는다. 난초가 기다란 꽃을 피우는 까닭은 그 꽃가루를 나르는 나방들의 입이 갈수록 길어지는 데에 대응하기 위함이었으며, 이는 서로 의존하는 관계에서 일어나는 공진화의 좋은 예다. 공진화에 의해 포식자나 기생충에 강한 저항성이 개발되면 흔히 새로운 종분화로 빠르게 이어지며, 이를 '탈출과 방산 공진화'라고 부른다. 공진화의 개념은 생물학의 범주를 넘어 쓰이기도 한다. 같은 고객층을 상대하는 기업들은 새로운 제품이나 서비스나 운영 방식을 개발해야 하는데, 이 과정에서 컴퓨터는 공진화를 통해 하드웨어와 소프트웨어가 함께 발달했다.

30초 저자
브라이언 클레그

3초 준비
진화는 때로 종 안의 경쟁보다 다른 요인들에 의해 더 좌우되기도 한다. 그 예로는 숙주와 기생충, 포식자와 피식자, 서로 돕는 생물들 사이의 관계가 진화적으로 변화하는 것 등을 들 수 있다.

3분 생각
어떤 사람들은 지구의 환경과 생물이 하나의 거대한 순환 고리를 만들어 생물계에만 국한되지 않는 공진화를 한다고 주장한다. 23억 년쯤 전에 광합성을 할 수 있는 세균들이 출현하여 엄청난 양의 산소를 방출함으로써 대기와 암석의 화학적 조성을 변화시켰고, 결국에는 생물의 진화 경로도 바뀌었다. 생물들은 지금도 이 세상에 방대한 물리적 화학적 변화를 가하고 있는데, 가장 최근의 막강한 생물공학자들은 바로 인류이다.

난초와 그 꽃가루를 나르는 나방은
보다 효율적인 수분을 위해 공진화를 했다.

수렴진화

CONVERGENT EVOLUTION

돌고래는 언뜻 어류로 착각하기 쉽다. 하지만 실제로는 포유류이고 어류와는 아주 먼 관계가 있을 뿐이다. 하지만 돌고래와 어류는 모두 아주 매끄러운 형태로 진화했고, 지느러미와 꼬리도 물속에서 추진력을 효율적으로 발휘하도록 만들어졌다. 수중 환경에 대해 이처럼 비슷한 양상의 신체적 적응은 수렴진화의 한 예다. 수렴진화는 서로 다른 종들 사이에서 어떤 형질이 서로 닮았으면서도 유전적 유래는 다르다는 특징을 갖고 있다. 돌고래의 조상은 사슴과 비슷한 동물로 육상 생활에 잘 적응하여 6,000만 년 전쯤까지 땅위에서 살았다. 반면 어류는 5억 년이 넘도록 물속에서 살아왔다. 수렴진화는 전 세계에 걸쳐 관계가 먼 종들이 지질학적 규모의 세월에 걸쳐 비슷한 문제에 대해 해답을 찾는 과정에서 자주 일어났다. 박쥐와 새와 익룡의 날개는 그 한 예이다. 이들은 모두 육상 생활을 하던 척추동물 조상들로부터 아주 다른 방식으로 출발하여 성공적인 진화를 이루었다. 수렴진화는 형태학적 수준에만 머물지 않는다. 최근의 과학적 연구에 따르면 관계가 먼 포유류인 박쥐와 돌고래는 모두 반사음을 탐지하는 기능을 가진 생물로서, 유전자 수준에서도 폭넓은 수렴진화를 해왔다는 사실이 밝혀졌다.

30초 저자
크리스 벤디티

3초 준비
다른 모든 것들이 같다면 긴밀히 연관된 종들은 닮았으리라고 예상된다. 수렴진화는 다른 모든 것들이 같지 않을 때에 일어나는 현상의 하나이다. 때로 관련성이 별로 없는 종들인데도 하나의 문제에 자연선택이 같은 방식으로 작용하여 비슷한 해법을 찾기 때문에 빚어지는 결과이다.

3분 생각
수렴진화의 어떤 예들은 명백하지만 대부분은 확인하기가 어렵다. 정확히 판단하려면 종 또는 종 집단의 조상들까지 추적하여 본질을 밝혀야 하기 때문이다. 화석 기록은 물론 종종 도움이 된다. 하지만 과학자들이 더 의지하는 것은 계통수와 종들의 현재 특성들을 활용하는 방법이며, 이를 통해 과거의 모습을 추정한다.

겉모습이 닮았다고 모두 가까운 친척들인 것은 아니다.
유전적으로는 아주 다르지만 공유하는 환경에서
비슷한 목적을 향해 진화하노라면 닮은 모습을 띨 수 있다.

산업적 흑화

INDUSTRIAL MELANISM

30초 저자
브라이언 클레그

3초 인물 소개
버나드 케틀웰
1907~1979
영국의 나방 연구가로 그의 연구를 통해 오염 지역에서 밝은 색깔의 나방이 더 쉽게 포식된다는 사실이 입증되었다.

존 홀데인
1892~1964
영국의 생물학자로 간단한 수학적 모델을 사용하여 나방에서 발견된 변화가 임의적 과정에 의해서만 일어났다고 보기에는 너무 빠르다는 점을 밝혔다.

우리는 진화가 느린 과정이라는 데에 익숙해 있지만 수명이 짧은 생물들에서는 빠르게 일어날 수 있는데, 회색가지나방(Biston betularia)이 진화론에서 인시류를 대표하는 포스터의 주인공으로 부각된 까닭도 이 점에서 찾을 수 있다. '흑화'는 자외선으로 인한 피부의 손상을 막기 위해 멜라닌 색소가 피부에 많이 축적되는 현상을 가리키며, 선탠은 바로 이를 통해 이루어진다. 회색가지나방의 본래 색깔은 이끼 낀 나무 표면과 잘 어울린다. 그런데 산업혁명 기간 동안에 증가된 오염 물질 때문에 이끼가 죽어서 사라지자 나무껍질들은 검댕으로 덮여 어두운 색깔을 띠게 되었다. 이런 상황에서 몸 색깔이 어두운 회색가지나방이 나무에 앉으면 포식자가 발견하기 어려우므로 생존경쟁에서 살아남아 번식하기에 유리했다. 그 결과 자연선택이 여러 세대에 걸쳐 누적됨으로써 어두운 나방이 크게 늘어났다. 그런데 나중에 공기청정법이 시행되어 대기 오염이 줄어들자 상황은 역전되었다. 이제는 본래의 밝은 색깔을 가진 개체가 이끼 덮인 나무에서 살아남는 데에 유리하므로 과거의 양상이 회복되었다. 이와 비슷한 현상이 다른 나방들에서도 나타나는데, 약간의 곤충들도 그러하며, 무당벌레의 한 종은 대표적인 예다.

3초 준비
산업적으로 오염된 환경의 색깔이 변하자 그 안에서 살던 곤충들도 몸의 색깔을 바꾸어갔는데, 이는 환경에 대한 자연선택의 작용을 잘 보여준다.

3분 생각
오염의 수준과 곤충의 몸에서 일어나는 착색의 정도에 밀접한 관련이 있다는 점에 대한 많은 증거에도 불구하고 나무껍질의 색 변화가 직접적인 원인이라는 확증을 얻기는 어려웠다. 오염의 증가가 색소의 증가를 낳는 데에는 다른 원인도 있을 수 있다. 예컨대 멜라닌이 나방을 독성 성분으로부터 보호해줄지도 모른다. 하지만 나방의 흑화가 산업적 오염에 대한 자연선택의 결과라는 점에는 거의 의문의 여지가 없는 것 같다.

회색가지나방은 산업화로 인한 환경오염에 대응하여 매우 빠른 진화적 변화를 나타냈다.

새로운 종들

NEW SPECIES

새로운 종은 종종 지리적 격리에 의해 일어나지만(이역 종분화) 때로는 같은 지역을 공유하는 하나의 종 안에서 빠르게 나타나기도 한다(동역 종분화). 동역 종분화에 의한 적응 방산은 어떤 종이 광범위한 환경적 가능성을 가진 새로운 환경을 만나거나 기존의 환경에서라도 이전에는 버려두었던 환경 적소를 이용할 수 있는 기능을 진화에 의해 갖추게 되었을 때 일어난다. 그 효과는 외관의 변화가 성적 선택을 초래하면 더욱 강화되는데, 이 경우 새로 나타난 종은 기존의 종과 교배를 할 수 있음에도 기피하게 된다. 대멸종이 일어난 뒤에는 새로운 종들의 빠른 출현이 비교적 흔한데, 이와 다른 경우로는 아프리카의 빅토리아호 같은 고립된 큰 호수를 들 수 있다. 이 호수에서는 특이하게도 500종이 넘는 시클리드가 단일한 조상으로부터 단기간에 진화되어 나왔다. 처음에는 빅토리아호가 마지막으로 가물었던 때를 고려하여 이 종분화가 약 1만 2,400년 전에 일어났다고 추정했다. 하지만 DNA의 분석 결과 적어도 10만 년 전의 일로 확인되어 빅토리아호가 생겨난 뒤 얼마 되지 않아 곧바로 초래된 진화였음이 밝혀졌다.

30초 저자
브라이언 클레그

3초 준비
새로운 환경 적소가 생기면 종들이 단기간에 분화할 수 있다. 아프리카의 빅토리아호에서 500종이 넘는 시클리드가 진화한 게 대표적인 예다.

3분 생각
빠른 종분화에 대한 다른 좋은 예로는 광대파리를 들 수 있다. 광대파리는 본래 미국의 산사나무에 살았는데 1860년대에 유럽에서 수입된 사과나무를 공격하기 시작했고 수십 년 사이에 이전과 다른 행동을 갖도록 진화했다. 그리하여 광대파리의 유충은 사과가 다 익은 뒤에야 나오는 성향을 갖게 되었는데 이는 유전적 변화로 초래된 결과였다. 아직은 산사나무와 사과나무에 사는 종을 구별하지 않지만 분리 과정이 진행되고 있다.

3초 인물 소개
스벤 오스카 쿨란더
1952~
스웨덴의 생물학자로 시클리드와 그 종분화를 주로 연구했다.

시클리드와 광대파리는 단기간에 주목할 만한
종분화를 이룬 대표적 사례들이다.

1936년 10월 8일
바버라 로즈메리 매칫(Barbara Rosemary Matchett)이 영국 컴브리아의 안사이드에서 출생

1936년 10월 26일
피터 레이먼드 그랜트(Peter Raymond Grant)가 런던 노우드에서 출생

1960년
피터는 케임브리지대학교, 로즈메리는 에든버러대학교에서 학사학위를 받다

1964년
피터가 밴쿠버의 브리티시컬럼비아대학교에서 박사학위를 받다

1973년
피터가 몬트리올 맥길대학교의 교수가 되다

1973년
부부가 처음으로 갈라파고스제도로 탐사 여행을 떠나다

1977년
피터가 미시간대학교의 교수가 되다

1985년
부부가 함께 프린스턴대학교로 옮기다

1985년
로즈메리가 스웨덴의 웁살라대학교에서 박사학위를 받다

1994년
부부의 연구 업적에 대해 조너선 와이너(Jonathan Weiner)가 『핀치의 부리』라는 책을 펴내어 퓰리처상을 받다

2002년
부부가 공동으로 영국 왕립학회에서 다윈상을 수상하다

2009년
런던의 린네학회에서 부부가 공동으로 다윈−월리스상을 수상하다

피터와 로즈메리 그랜트

피터 가족은 피터가 네 살 때 독일의 폭격을 피해 런던에서 남부 잉글랜드로 대피했으며 피터는 그곳에서 나비 수집과 조류 관찰을 마음껏 즐겼다. 한편 컴브리아의 시골에서는 로즈메리 매컷이 화석화된 식물들을 찾아 그녀를 데리고 야외 여행을 자주 떠난 어머니에 이끌려 자연에 대한 관심을 키우고 있었다.

케임브리지에서 동물과 식물학을 공부한 피터는 브리티시컬럼비아로 여행을 떠났는데, 그곳에서 동물학 박사과정에 들어선 지 며칠밖에 되지 않은 로즈메리를 만났다. 그녀는 에든버러에서 유전학을 공부했지만 밴쿠버에서 강사 자리를 얻게 되자 박사과정 이수를 뒤로 미루었다. 두 사람은 몇 년 뒤 결혼했으며, 부부는 생태와 진화의 상호작용에 초점을 맞추고 환경이 종의 특성과 분포에 어떤 영향을 미치는지에 대해 연구하기 시작했다. 그리하여 부부는 멕시코의 트레스마리아스제도로 탐사를 떠나 새들의 부리 크기에 대해 연구했다. 이들은 그곳 새들의 부리가 내륙 새들의 부리보다 크다는 사실을 발견했는데, 이 때문에 그곳의 먹이를 먹는 데 더 유리하다. 이 발견은 그들이 입증하려던 가설, 곧 먹이를 두고 벌이는 종들 사이의 경쟁이 진화적 발달에 영향을 준다는 가설을 지지하는 것이었다.

이후 다윈의 핀치에 관한 책에서 자극받은 부부는 갈라파고스제도의 다프네섬으로 탐사를 떠나 그곳에서 생겨난 14종의 새들을 연구했다. 다프네섬은 먹이와 환경과 경쟁에서 유래하는 진화적 압력을 연구하기에 이상적 서식지였는데, 1973년 첫 탐사여행 이래 부부는 매년 다시 찾아왔다. 1977년 다프네섬에 혹심한 가뭄이 덮쳤고, 부부는 부리가 더 큰 새들이 크고 단단한 씨를 더 잘 깨뜨려 먹기 때문에 생존경쟁에서 유리해 그렇지 못한 새들보다 이듬해에 더 많은 후손들을 낳는다는 사실을 발견했고, 이는 자연선택에 의한 진화의 명확한 사례였다. 몇 년 뒤 많은 비가 내려 씨가 작은 식물들이 번성하자 상황은 뒤바뀌어 부리가 작은 새들이 작은 씨를 먹기에 유리하여 생존경쟁에서 앞섰다. 부부는 또한 새들의 지저귐이 어떻게 경쟁의 영향을 받는지, 더 큰 씨를 먹는 부리가 더 큰 새들이 지배적 종이 되어 기존의 새들을 대부분 몰아냄에 따라 어떤 사태가 초래되는지에 대해서도 연구했다.

1980년대에 프린스턴으로 옮겨온 부부는 통계적 접근법을 더 많이 채택해 특정한 조상의 후손들에서 일어나는 진화의 정도를 예측하고자 했고 부리의 모양과 크기에 미치는 유전적 요소에 대해서도 연구했다. 진화적 변화의 예측이 생물학자들에게 중요하다는 점은 아무리 강조해도 지나치지 않은데, 존 홀데인은 언젠가 이에 대해 다음처럼 말했다. "어떤 과학적 이론이 실제로 진행되고 있는 현상에 대해 적절한 예측을 내놓지 못한다면 아무런 가치가 없다. 예측을 내놓기까지는 단지 말장난에 불과하다." 최근 로즈메리는 핀치 종들 사이의 잡종에 초점을 맞추어 이들이 내놓을 진화적 장점과 단점들에 대한 잠재력을 연구하고 있다.

동물 행동의 진화

EVOLUTION OF ANIMAL BEHAVIOUR

관련 주제
적응의 필요
61쪽

이타심과 이기심
115쪽

진화심리학
149쪽

3초 인물 소개

칼 폰 프리슈
1886~1982
오스트리아의 생물학자이자 초창기의 동물행동학자로 꿀벌에 대한 연구로 유명하며 이를 통해 1973년 노벨 생리의학상을 공동 수상했다.

콘라트 로렌츠
1903~1989
오스트리아의 동물학자이자 초창기의 동물행동학자로 각인에 대한 연구로 유명하며 이를 통해 1973년 노벨 생리의학상을 공동 수상했다.

동물행동학의 핵심에는 진화가 자리 잡고 있으며 다윈도 이에 대한 초기 연구를 했지만 진정한 출발은 60년쯤 뒤에야 시작되었다. 콘라트 로렌츠는 '고정 행동 유형(fixed action patterns)'의 관념을 제시했는데, 이는 외부의 자극을 받은 뇌가 특유의 지시를 내림으로써 이루어지는 본능적 행동을 가리키며, 여러 동물들의 짝짓기 춤이나 새들이 둥지를 벗어난 알을 반사적으로 다시 둥지로 끌어오는 행동 등이 그 예다. 니콜라스 틴베르헌(Nikolaas Tinbergen, 1907~1988)은 적응과 진화의 메커니즘에 의해 작동되는 본능적인 반응 행동의 중요성을 역설했다. 때로 환경이 이런 행동의 열쇠인데, 그 한 예로는 개구리의 울음소리를 들 수 있다. 많은 개구리들이 짝을 찾기 위해 볼품없이 크게 부풀리는 소리주머니는 공명을 통해 소리를 증폭시키지만 배경에 깔린 흐르는 물의 소음 때문에 다른 동물들은 식별하기가 어렵다. 어떤 동물들은 많은 알을 낳고 전혀 돌보지 않음에 비해 어떤 포유류는 적게 낳고 극진히 돌보는데, 이러한 차이도 생물학적 요소 못지않게 생태학적 요소의 영향을 많이 받는다. 1970년대부터 동물행동학은 시야를 넓혀서 동물 행동의 사회적 측면에 많은 관심을 쏟고 있다. 그리하여 비교적 작은 집단을 이루는 포유류로부터 엄청난 규모의 초생물처럼 보이는 개미나 꿀벌의 집단 행동이 어떻게 진화해왔는지에 대해 널리 연구하고 있다.

30초 저자
브라이언 클레그

3초 준비
동물의 행동에 관한 연구는, 신체적 특성들은 물론, 행동적 특성들도 변화하는 환경의 압력에 적응하여 진화할 수 있다는 점을 입증했다.

3분 생각
진화적 관점에서 보면 사회적 행동은 직관에 반하는 것 같다. 하지만 실제로 사회적 행동은 생존력을 높여서 유전자를 후손에게 전해주는 데 더 유리하다. 한 예로 피식자 동물의 무리를 보자. 무리에서 벗어나 홀로 있는 영양은 사자와 같은 포식자의 표적이 되기 쉽다. 하지만 무리를 이루면 각자 공격을 당할 확률이 낮아진다. 무리를 지으면 먹이를 나누어야 한다는 등의 문제가 따르지만 그럼에도 불구하고 생존에 유리하므로 그런 방향으로 진화했다.

짝짓기 춤으로부터 무리를 이루어 안전을 도모하는 것에 이르기까지 본능적인 행동들은 환경에 대한 반응이다.

이타심과 이기심

ALTRUISM & SELFISHNESS

30초 저자
브라이언 클레그

관련 주제

3초 인물 소개

에드워드 오스본 윌슨

1929~
미국의 생물학자로 집단선
택(group selection)의 개
념을 제시했지만 진화생물
학자들은 거의 수긍하지
않는다.

로버트 트리버스

1943~
미국의 진화생물학자로
호혜적 이타주의(recipro-
cal altruism)의 개념을 펼
쳤다.

극단적으로 단순히 보면 남을 앞세우는 이타심은 진화적으로 이치에 닿지 않는다. 하지만 진화론의 틀 안에서도 이타심을 이끌어낼 길이 몇 가지 있다. 우선 혈연선택으로 설명하는 것을 들 수 있는데, 이에 따르면 가까운 친족은 유전자를 어느 정도 공유하기 때문이라고 한다. 그러므로 겉보기의 이타심은 유전자풀의 관점에서는 이기적인 것이다. 하지만 존 홀데인이 농담 삼아 "두 형제나 여덟 사촌을 위해 내 한 목숨 기꺼이 내놓겠다"라고 말한 경우와 같이 가까운 친족을 보호하려는 단순한 경향을 넘어서는 경우에 있어서는 유전적으로 관련이 있든 없든 타산적이라고만 보기는 불가능한 것 같다. 이는 호혜적 이타주의를 덧붙여 고려하면 더욱 설득력이 있는데, 지금 베푸는 상대방으로부터 직접적인 보상은 받지 못하더라도 언젠가 다른 누군가로부터 자신도 마찬가지의 도움을 받을 수 있다고 예상한다면 기꺼이 도울 수 있고, 결과적으로 이는 이기심을 호혜적으로 바꾸는 것이다. 성경에 나오는 "우리가 우리에게 죄 지은 자를 사하여 준 것 같이 우리 죄를 사하여 주옵시고……"라는 구절도 이를 뒷받침한다고 하겠다. 지폐가 은화와 금화를 대체했듯 복잡한 현대 사회에서 평판은 타인의 신용을 가늠하는 직접적인 경험을 대체했다. 그리하여 다른 개체를 이롭게 하는 이타적 행동이 실질적으로는 없더라도 간접적으로 호혜적인 행동들이 발달하게 되었다.

3초 준비
순수하게 개체의 관점에서 보면 각자의 유전자를 이기적으로 보존하는 게 유일한 목표일 것이므로 이타심은 직관에 반하는 것 같다. 하지만 진화론은 이타심의 잠재적 이점을 설명해준다.

3분 생각
이타심은 인류 전체에 널리 퍼져 있다. 하지만 받는 자와의 관계나 관용을 베풀어 얻을 것 같은 이익을 냉철히 계산하는 것 같지는 않다. 그러나 일반적으로 우리는 타인보다 가족, 낯선 사람보다 친구, 외국인보다 내국인에게 더 많이 베푼다. 이처럼 다양한 친절함을 매끄럽게 설명하는 일은 진화심리학에 있어 상당한 도전이다.

다른 개체도 똑같이 행동할 것이라는
암묵적 이해 아래 남을 배려한다.

성과 죽음

성과 죽음
용어해설

공익성 동물들이 하위 군 속에서 각자에게 주어진 독특한 역할을 수행하는 현상. 대개 한 '여왕' 아래 같은 혈통을 가진 개체들이 영위하는 활동에서 뚜렷이 관찰된다. 이때 하위군에 속하는 개체들은 다른 역할에 대한 능력은 대개 상실한다. 개미, 벌, 말벌, 흰개미의 개체군들이 잘 알려져 있지만 뒤쥐와 같은 포유류도 있다. 'eusocial'은 문자 그대로는 '사회에 유익한'이란 뜻이며, 따라서 조직화가 가장 잘 이루어진 집단들을 암시하고 있다.

근친교배/근교약세 근친교배는 유전적으로 긴밀한 관계에 있는 개체들끼리의 교배를 가리킨다. 이런 경우 후손의 생물학적 적응력을 떨어뜨리는 형질이 유전될 가능성이 높아진다. 이 현상을 개체군에 확대 적용하여 적자가 전체적으로 감소하는 현상을 근교약세라고 부른다.

단성생식 문자 그대로의 뜻은 '처녀생식'으로, 수정되지 않은 알에서 배아가 자라 번식되는 현상을 가리킨다.

대응적응 천적 관계에서 피식자가 포식자에 대해 방어 수단을 개발하는 적응 또는 반대로 포식자가 피식자의 방어 수단을 무력화하는 새로운 적응.

돌연변이 붕괴 돌연변이가 개체군 안에서 악순환적으로 증가하는 현상. 처음에 유전자의 어떤 해로운 변화가 개체군의 축소를 유발하고, 이로 인해 부정적인 돌연변이가 더욱 축적되어 초래된다.

딴집낳기 원어 'cuckoldry'에 내포된 'cuckold'는 '바람난 아내의 남편'을 뜻하는데, 이는 뻐꾸기가 다른 뻐꾸기 또는 다른 종의 둥지에 자기의 알을 몰래 낳아 기르도록 하는 행동에서 유래했다. 이런 알을 모르고 받은 수컷 뻐꾸기는 자신의 에너지를 소모하면서 다른 수컷의 새끼를 기르는 셈인데, 때로는 자기 자신의 새끼를 포기하면서까지 다른 새끼를 양육한다.

무성생식 부모 가운데 한쪽이 단독으로 자손을 낳는 생식 방법. 따라서 자손은 해당 부모의 유전자만 전적으로 물려받는 복제생물이 된다. 단성생식, 포자형성, 이분법, 다분법 등이 있다.

'붉은 여왕' 가설 루이스 캐럴(Lewis Carroll)의 소설 『거울 나라의 앨리스』에서 붉은 여왕이 "여기서는 제자리에 있으려만 해도 계속 뛰어야 한다"라고 말한 장면으로부터 유래한 가설. 자연에서 어떤 생물이 진화해도 경쟁자와 환경과 천적도 함께 진화하므로 진화에서 결정적인 승자는 없으며, 단지 살아남으려만 해도 부단히 진화해야 한다는 점을 나타낸다.

성편향 분산 생물이 생애 중 어느 시기에 출생지와 관련하여 잠재적인 진화적 유익을 추구하려는 경향을 가리킨다. 많은 종들은 성에 따라 양상을 달리하는데, 한쪽 성이 출생지 가까이에서 번식하면 다른 쪽 성은 새로운 번식지를 찾아나서는 경우가 많다.

유익한 돌연변이 DNA가 손상을 입거나 복제의 실수로 인해 일어나는 게놈의 변화들 가운데 이로부터 나타나는 형질이 생물의 경쟁과 생존에 유익하여 자연선택의 대상이 될 가능성이 높은 돌연변이.

자기부적합성 식물이 자신의 꽃가루로는 수정되지 않는 현상으로 유전다양성을 키우는 데에 도움이 된다.

적응/적자/적성 주어진 조건들에 잘 부합하는 과정/개체/특성. 진화론에서 '적자생존'은 가장 잘 적응한 개체들이 살아남아 유전자를 물려주는 현상을 뜻한다.

주요 조직적합 복합체 어떤 세포의 표면으로 돌출되는 한 무리의 분자들로서, 백혈구의 한 형태인 T세포는 이와 결합하여 세포 내부의 정보를 읽음으로써 상대 세포를 그냥 둘 것인지 파괴할 것인지의 여부를 결정한다.

진화적 안정 전략 게임 이론에서 유래한 개념으로, 이 전략을 가진 개체군은 초기의 드문 돌연변이에 의해 개체군이 대체되지 않도록 자연선택이 보장해주는 개체군을 가리킨다.

혈연도 한 개체와 다른 개체가 게놈을 공유하는 정도를 뜻하며, 그 정도에 따라 부모-자식 갈등의 수준도 달라진다. 예컨대 이로 인해 이복형제들 사이의 갈등이 친형제들 사이의 갈등보다 크리라고 예상할 수 있다.

혈연선택 개체에게는 해로울 수도 있지만 개체와 관계가 있는 생물들에게 유익할 수 있는 방향으로 나아가는 진화 과정을 가리키며, 이에 의해 친족에게 이익이 되는 일을 위해 자신을 희생하는 이타적 행동들을 설명하기도 한다. 공익적 집단의 생식 능력을 상실한 개체들에서 뚜렷이 드러난다.

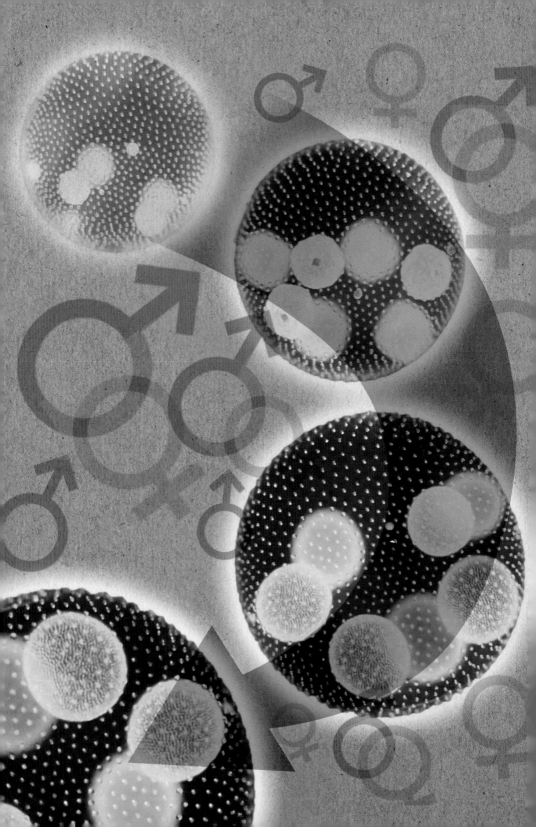

성의 역설

THE PARADOX OF SEX

3초 인물 소개

허먼 조지프 멀러

1890~1967

미국의 유전학자로 유전적 돌연변이를 유발하는 방사선에 대한 연구로 노벨 생리의학상을 받았다.

수컷과 암컷이 동원되는 유성생식은 유전적 변이를 촉진하므로 무성생식에 비해 진화의 요구에 더 빠르게 반응할 수 있다.

도대체 수컷은 왜 있을까? 많은 종들은 수컷 없이도 아주 잘 살아간다. 이들은 무성생식으로 번식하며 후손은 조상의 복제품이다. 아무런 제약이 없다면 무성생식의 개체군은 기하급수적으로 커진다. 마치 연쇄반응에 의한 핵폭발처럼 개체 수가 1, 2, 4, 8, 16, …으로 증가하므로 15세대만 지나도 거의 똑같은 후손들이 수백만이나 만들어지는데, 어떤 종들의 경우 이에 필요한 시간은 단 며칠에 불과하다. 유성생식을 하는 종들은 그들의 에너지를 번식하는 데에 본질적으로는 아무런 쓸모가 없는 수컷들을 만드는 데에 낭비하는 것처럼 보인다. 유성생식이 이토록 소모적이라면 왜 이런 방식이 생겨났을까? 여러 가지 이유가 있지만 성이 멸종의 위험을 줄여준다고 주장하는 점은 공통이다. 그중 한 설명에 따르면 작은 개체군에서 유성생식에 의해 유전자가 재조합될 때 해로운 돌연변이들이 게놈에서 방출됨에 비해 무성생식에서는 누적된다고 한다. 이러한 해로운 돌연변이의 누적은 돌이킬 수 없으므로 결국 돌연변이 붕괴를 거쳐 멸종으로 치닫게 된다. 또 다른 중요한 아이디어에 따르면 유전자를 새로 조합하는 과정을 계속 되풀이할 수 있다는 점에서 수컷에 투자할 가치가 있다. 만일 유익한 돌연변이가 무성생식 개체에게 생긴다면 그 개체에만 한정되어 그 후손들에만 전해진다. 반면 유성생식은 한 게놈의 유익한 돌연변이라도 다른 개체들과의 교배를 통해 널리 퍼뜨림으로써 진화의 압력에 재빨리 적응하도록 해준다.

30초 저자

마크 펠로즈

3초 준비

성은 돌연변이들 가운데 해로운 것의 축적은 피하고 유익한 것은 축적하여 유전적 변이를 확보한다.

3분 생각

성은 값비싼 기능이지만 유전적으로 새로운 요소를 도입하여 자연선택의 기능을 활발히 작동시킨다. 여러 면에서 볼 때 설명이 필요한 것은 성의 존재가 아니라 무성생식을 하는 어떤 종들의 모습이 장구한 세월 동안 크게 변하지 않는 까닭일 것이다. 물에 사는 담륜충(bdelloid rotifer)은 무성생식으로 적어도 3,500만 년을 살아왔는데 과연 이들은 유성생식으로 번식하는 종들에는 없는 게놈의 수선 기능을 갖고 있단 말일까?

성비

SEX RATIOS

30초 저자
마크 펠로즈

3초 인물 소개
로널드 피셔
1890~1962
영국의 생물학자 리처드 도킨스는 자연선택과 유전자를 연관시켰다는 점에서 피셔를 "다윈 이후 가장 위대한 진화생물학자"라고 평했다.

유성생식에 수컷이 필요하기는 한데, 왜 그리 많을까? 한 수컷은 많은 암컷을 수정시킬 수 있으므로 암컷만큼 많은 수컷을 만드는 것은 자원과 노력의 낭비인 것 같다. 로널드 피셔는 1930년대에 수행한 연구를 통해 유성생식을 하는 종들은 필연적으로 부모가 있지만 암수 중 부족한 쪽이 유리하다는 점을 깨달았다. 예컨대 암수의 비율이 2:1인 개체군을 생각해보자. 평균적으로 한 수컷은 두 암컷을 수정시키므로 경쟁에 유리한 후손의 수도 두 배로 늘어날 가능성이 높다. 그렇다면 이 개체군에서는 수컷이 더 유리하므로 수컷이 되기 쉬운 유전자를 가진 후손들이 늘어날 것이다. 하지만 수컷의 유리함은 성비가 1:1에 가까워짐에 따라 줄어든다. 같은 논리가 암컷이 적을 때에도 적용된다. 이때는 짝짓기를 못하는 수컷들이 생길 수 있으므로 암컷이 되는 게 유리하다. 하지만 암컷이 늘어남에 따라 그 유리함은 역시 줄어든다. 이처럼 자연선택은 어느 한 전략이 지배적으로 되지 않도록 작용하며, 이를 진화적 안정 전략이라고 부른다. 사람의 자연적인 성비는 106:100가량으로 남자가 조금 많다. 하지만 남자의 수명이 좀 짧으므로 나이가 많아질수록 차이는 줄어든다.

3초 준비
대다수 종들의 성비가 1:1이라는 것과 같은 자연계의 보편적인 패턴들까지도 자연선택으로 설명된다.

3분 생각
모든 생물의 성비가 1:1인 것은 아니다. 무화과 말벌은 후손의 성을 선택할 수 있는데, 수정란은 암컷이 되고 미수정란은 수컷이 된다. 무화과에서 암컷 19마리당 수컷 1마리가 나오는 일은 드물지 않다. 한 암컷이 낳은 알에서 나오는 수컷과 암컷들은 당연히 모두 친족 관계에 있다. 따라서 수컷들이 유전적으로 모두 비슷하므로 말벌들은 알들을 수정시키는 데 꼭 필요한 만큼의 수컷들만 만든다.

**무화과 말벌 수컷의 임무는
무화과 안의 알을 수정시키는 것인데,
그렇게 태어난 말벌의 암컷들은 수컷보다 19배쯤 많다.**

성선택

SEXUAL SELECTION

3초 인물 소개

암토즈 자하비
1928~
이스라엘의 진화생물학자로 성선택이 과장된 외관을 낳을 수 있는 이유에 대해 '정직한 광고(honest advertisement)'의 개념을 제시했다.

마를렌 주크
1956~
미국의 행동생태학자로 과도한 치장이 수컷의 우수성과 관련된다는 아이디어를 발전시키는 데에 기여했다.

다윈은 자연선택이 누가 사는지에 못지않게 누가 낳는지에도 영향을 준다는 사실을 깨달았다. 그는 성선택을 자연선택의 보완 개념으로 도입하고, 이를 통해 여러 생물들에서 발견되는 과도한 행동과 특성들을 설명했다. 성선택의 핵심적인 배경 아이디어는 양성 가운데 어느 한쪽, 대개의 경우 암컷이 생식에 더 많은 투자를 하므로 최선의 짝짓기 상대를 신중히 고려하려고 노력한다는 것이다. 반면 수컷은 상대적으로 많은 암컷들과 짝짓기를 할 수 있으므로 암컷들이 선호하는 특징을 놓고 수컷들끼리 경쟁하게 된다. 붉은 사슴의 호화로운 무기인 뿔과 코끼리물범의 엄청난 덩치는 바로 이런 경쟁에 수반되는 야만적인 싸움에서 이기기 위해 개발된 신체적 특성들이다. 때로는 단지 암컷이 선호한다는 이유로 진화의 흐름이 삶에 대한 적성과는 무관한 방향으로 치닫는 경우가 있는데, 수컷 공작의 놀라울 정도로 화려한 장식은 그 한 예이다. 공작 암컷은 그런 수컷을 선택함으로써 후손 암컷들이 더 선호하는 섹시한 수컷 자손을 낳아 자신의 유전자를 퍼뜨리고자 한다. 한편 어떤 사람들은 수컷의 화려한 외관이 단순한 우연이 아니라 수컷의 건강에 대한 정직한 광고로서 암컷이 이를 보고 최적의 수컷을 선택하도록 유혹한다고 설명한다.

30초 저자
마크 펠로즈

3초 준비
성선택의 개념은 생물들에서 발견되는 가장 복잡하고도 이색적인 행동들을 설명해준다.

3분 생각
성선택이 인간의 신체적 및 행동적 특성들의 진화에 영향을 끼쳤을까? 그렇지 않다면 놀라운 일일 텐데, 심지어 어떤 사람들은 인간의 뇌도 성선택의 산물로서 뛰어난 지능이 선호되는 특성이라고 주장한다. 한편 더 논쟁적인 연구에 따르면 암컷이 선호하는 교배 대상은 배란주기 동안 달라지며, 최적의 가임기에는 주도적인 수컷을 선호한다고 한다.

공작의 우아함, 붉은 사슴의 멋진 뿔, 코끼리물범의 공격성 등의 배경에는 성선택이 자리 잡고 있다.

정자 경쟁

SPERM COMPETITION

3초 인물 소개

제프리 앨런 파커
1944~
영국의 행동생태학자로 똥파리에 대한 연구를 통해 정자 경쟁의 개념을 처음 제시했다.

왜 수컷은 그토록 많은 정자를 만들까? 전통적인 견해에 따르면 정자는 값이 싸므로 그 생산을 줄이려는 진화적 압력이 크지 않았다고 한다. 하지만 1970년대 초에 제프리 파커는 이를 물리치면서 다른 생물학적 특성들과 마찬가지로 정자의 양도 자연선택을 통해 최적화되었다고 주장했다. 고환의 크기는 정자의 양을 간접적으로 나타내는데, 인간의 친척들 사이에서 변화가 심하다. 고릴라는 비교적 작고 오랑우탄은 조금 크며, 사람은 그다음이고 침팬지가 가장 크다. 한 암컷이 두 수컷과 짝짓기를 한다면 정자가 많은 수컷의 후손이 나올 가능성이 크다. 따라서 정자의 양에 대한 선택의 강도는 짝짓기의 행태와 관련이 있다. 고릴라의 경우 한 무리의 우두머리가 짝짓기를 독점하므로 정자의 양은 큰 문제가 되지 않는다. 반면 침팬지의 암컷은 사뭇 문란하여 여러 수컷들과 짝짓기를 하므로 정자 경쟁이 심하고 이로써 고환이 크다는 점이 설명된다. 인간 남성의 고환은 중간쯤이므로 정자 경쟁의 범위에서도 중간쯤의 위치에 있다고 추정된다. 최근의 유전학적 연구에 따르면 신생아의 1퍼센트쯤이 혼외정사의 소산이라고 하므로 인간의 생식 행동에서 정자 경쟁의 아이디어가 통상적인 것은 아니지만 아주 예외적인 것도 아니라고 평가할 수 있다.

30초 저자

마크 펠로즈

3초 준비

경쟁은 교접에서 끝나지 않으며, 알이 수정될 때까지 이어진다.

3분 생각

인간은 사회적으로 일부일처제를 취하여 남자와 여자는 오랫동안 배우자 관계를 유지한다. 하지만 그런 중에도 다른 짝을 찾는 경우가 많다. 생물이 딴집낳기를 하면 수컷은 다른 수컷의 자식을 기르면서 자신의 자식을 기를 기회를 잃게 된다. 자연선택은 여기에도 관여하여 딴집낳기의 피해를 줄이려고 한다. 예컨대 남자의 성기는 여자가 이전의 성교에서 갖게 된 다른 남자의 정자를 제거하는 데에 유리한 모습으로 진화했다고 추정된다. 또한 다른 수컷과 교접했을 것 같은 암컷과 교접하는 수컷은 더욱 자주 교접하면서 더욱 많은 정자를 내놓으려고 한다.

고릴라는 한 집단의 우두머리가 그 집단의 짝짓기를 독점하므로 침팬지나 사람과 달리 정자 경쟁의 필요성이 크지 않다.

부모-자식 갈등

PARENT-OFFSPRING CONFLICT

30초 저자
마크 펠로즈

관련 주제
이타심과 이기심
115쪽

3초 인물 소개
로버트 트리버스
1943~
영향력 있는 미국의 생물학자로 생물의 협력과 갈등에 대한 우리의 이해를 혁신했다.

데이비드 애디슨 헤이그
1958~
오스트레일리아의 유전학자로 부모와 태아 사이의 갈등 관계를 처음 밝혔고, 임신 동안 겪을 수 있는 가장 위험한 증상들을 이해하는 데에 중요한 단서를 제공했다.

유성생식을 하는 종들에서는 부모와 자식 사이에 필연적으로 진화적 분쟁이 일어난다. 로버트 트리버스는 부모가 자식들에 대한 투자를 조정하여 자식들의 수와 우수성을 최대화하려고 노력한다는 짐을 발견했다. 하지만 자식들은 자신의 번식력을 높이려고 하므로 부모의 투자를 다른 형제들과 공평하게 나누려 하지 않는다. 이 현상은 혈연도의 개념으로 설명할 수 있다. 부모는 자식들이 모두 자기와 같은 정도로 닮았으므로 투자도 공평하게 하려고 한다. 하지만 자식의 입장에서 보면 자신은 자기와 100퍼센트 닮았지만 다른 형제들은 50퍼센트밖에 닮지 않았다. 그러므로 자식들은 유전자 중심적 관점에서 부모들이 주려는 것보다 더 많이 받으려고 하며, 이를 통해 자신이 현재의 형제들은 물론 미래의 형제들보다 더 유리한 위치에 서려고 한다. 이는 많은 동물들에서 부모가 젖을 떼려 할 때 자식들이 적극적으로 저항한다는 점으로도 잘 알 수 있다. 젖먹이 자식을 가진 침팬지 암컷은 가임기가 다시 찾아와 다른 짝을 찾게 되면 흔히 강제적으로 젖을 떼기도 한다. 또한 부모의 투자를 놓고 자식들 사이의 경쟁이 너무 치열하여 서로 죽이는 사태가 벌어지기도 한다. 이는 육식 조류의 경우 두드러져서 맨 먼저 나온 자식이 어리고 약한 형제들을 살해하곤 하는데, 특히 음식이 부족할 때는 더욱 그렇다.

3초 준비
부모가 가진 자산의 분배에 대해 부모와 자식 사이에는 견해차가 존재한다.

3분 생각
유전학자 데이비드 헤이그는 인간에게도 이른바 부모-자식 갈등이라는 게 존재한다고 주장했다. 그에 따르면 태아는 어머니가 주려는 양분보다 더 많은 양분을 어머니로부터 받기를 원한다. 그 한 예로는 태아를 둘러싼 태반이 분비하는 호르몬은 혈당의 농도를 높이려고 함에 비해 어머니가 분비하는 인슐린은 이를 낮추려고 한다는 것들 들 수 있다. 어머니의 나이가 들어감에 따라 자식을 더 낳을 가능성이 낮아지므로 자식에 대한 투자 전략도 달라지는 것 같다.

사람의 태아와 어머니는 혈당의 농도를 두고 다투며, 새의 둥지에서는 흔히 최적자만 살아남는다.

1936년 8월 1일
이집트의 카이로에서 출생

1964년
런던의 임페리얼칼리지에서 강사로 일하면서 사회적 행동의 유전적 진화에 대한 주요 논문을 발표하다

1966년
크리스틴 프리스(Christine Friess)와 결혼했고, 이후 세 딸을 낳았다

1970년
'해밀턴 악의(Hamiltonian spite)'에 대한 주요 논문을 발표하다

1976년
리처드 도킨스가 해밀턴의 이론을 쉽게 풀이한 『이기적 유전자』를 펴내다

1978년
미시건대학교의 진화생물학 교수로 취임하다

1980년
영국 왕립학회 회원으로 선출되다

1984년
옥스퍼드대학교 교수로 취임하다

1988년
영국 왕립협회에서 다윈상을 받다

1989년
런던의 린네학회에서 과학상을 받다

1993년
생물학의 노벨상으로 여겨지는 크라포드상(Crafoord Prize)을 받다

1994년
연구 파트너 루이사 보치(Luisa Bozzi)를 만나다

2000년 3월 7일
런던에서 사망

빌 해밀턴

'이기적 유전자'라는 말을 들으면 이 제목의 책을 펴낸 리처드 도킨스를 떠올리지만 사실 이는 윌리엄 해밀턴(William Hamilton)의 업적에 찬사를 바치는 문구이기도 하다. 해밀턴은 이집트 카이로에서 뉴질랜드 국적의 부모에게서 태어난 뒤 영국의 켄트에서 자라며 나비에 많은 관심을 보였다. 그리고 이후 미국에서 잠시 지낸 것을 제외하곤 영국에서 생애를 보냈다.

케임브리지대학교에 다니는 동안 해밀턴은 로널드 피셔가 개척한 통계를 활용하는 유전학에 흥미를 느꼈다. 그리하여 이후 런던의 유니버시티칼리지와 경제대학교에 함께 등록한 신분으로 이 분야의 박사학위를 받았다. 그는 나중에 임페리얼칼리지에서 13년 동안 강사로 일했지만 강의보다 연구에서 훨씬 높은 평가를 받았다.

해밀턴은 20대에 이미 "사회적 행동의 유전학적 진화"라는 제목으로 두 편의 중요한 논문을 발표했다. 여기서 그는 혈연선택을 정량적으로 접근하여 '해밀턴의 규칙'을 정립함으로써 혈연도와 이타심의 대가를 관련지었다. 이러한 혈연선택의 가설은 이미 제시되어 있었지만 정량적으로 엄밀히 다룬 사람은 바로 해밀턴이었다.

해밀턴이 열중한 다른 주요 주제로는 '해밀턴 악의'와 '특이한 성비'를 들 수 있다. '악의'는 생물학적으로 이타심의 반대말에 해당하며, 자신과 보통 사람들 사이의 관계보다 더 먼 관계의 이방인을 적대시하는 것을 그 예로 들 수 있다. 이처럼 악의적인 행동은 동물들의 경우 경쟁자의 어린 자식을 살해하는 행동 등에서 엿볼 수 있지만 진화심리학자들은 이타심에 대해서는 많이 지지한 반면 악의에 대해서는 특별히 주목하지 않았다. 한편 특이한 성비의 경우 해밀턴은 대략 1:1인 보통의 성비로부터 극단적인 개미나 말벌의 성비에 이르기까지의 다양한 분포에 대해 연구했다. 이때도 해밀턴은 일반적인 연구보다 수학적인 분석을 많이 도입했으며, 극단적인 성비를 가진 개체군의 안정성을 게임이론으로 설명하기도 했다. 그는 연구 경력의 마지막 시기를 기생충의 연구에 바쳤는데, 이는 기생충이 성의 진화에 중요한 역할을 했다고 여겼기 때문이었다.

하버드대학교와 상파울루대학교에서 잠시 방문 교수로 지낸 해밀턴은 미시간대학교에서 6년 동안 교수로 일한 뒤 영국으로 돌아왔으며, 옥스퍼드대학교의 동물학과와 뉴칼리지에서 연구 교수로 여생을 보냈다. 그의 사망 원인은 콩고 탐사 여행 때 감염된 말라리아인 것으로 많이 알려졌다. 하지만 실제로는 소화관 출혈이었으며, 그가 복용했던 약이 십이지장의 벽에 생긴 주머니 모양의 조직으로 들어가 유발되었던 것으로 보인다.

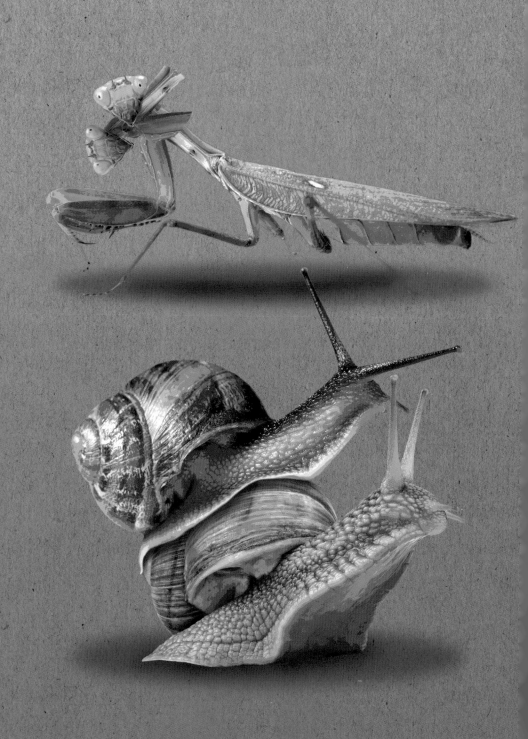

성과 진화적 무기 경쟁

SEX & EVOLUTIONARY ARMS RACES

30초 저자
마크 펠로즈

3초 인물 소개
리 반 베일런
1935~2010
미국의 진화이론가로 모든 종들은 천적이나 먹이의 적응에 대응하여 끊임없이 무기 경쟁을 펼침으로써 진화한다고 주장했다.

포식자는 약한 피식자부터 걸러내므로 피식자의 방어 능력은 서서히 향상된다. 이렇게 피식자가 우수해지면 열등한 포식자는 사냥을 하지 못해 죽어나가고 우수한 포식자만 살아남아 공격 능력이 향상된다. 따라서 이런 순환이 반복될 때마다 적응과 이에 대한 반대 적응의 수준도 높아진다. 리 반 베일런의 '붉은 여왕' 가설은 이러한 무기 경쟁을 성과 관련시킨다. 루이스 캐럴의 소설 『거울 나라의 앨리스』에서 붉은 여왕은 "여기서는 제자리에 있으려만 해도 계속 뛰어야 한다"라고 말하는데, 반 베일런은 삶도 이와 똑같다고 설파했다. 따라서 적의 성이 변화하는 것에 맞추려면 우리의 성도 부단히 변화해야 한다. 종들은 질병과 기생충이 빠르게 변하는 것을 따라잡으려면 면역 체계를 계속 발전시켜야 하며, 거꾸로 질병과 기생충은 자신들이 살기 위해 숙주의 면역 체계를 깨뜨려가야 한다. 만일 면역 체계가 변하지 않으면 자물쇠가 있더라도 열려 있는 문과 다를 게 없다. 유성생식은 유전자의 변이를 유지하므로 자물쇠의 내부 구조가 계속 바뀌는 것과 마찬가지다. 따라서 질병이나 기생충은 계속 새로운 열쇠를 개발해야 한다.

3초 준비
성은 기생충이나 질병에 빠르게 적응하도록 돕는다. 성이 없다면 우리는 진즉 이들에 굴복하여 사라졌을 것이다.

3분 생각
양성 사이의 무기 경쟁이 있을까? 수컷은 많은 짝짓기를 하도록 적응해가는 반면 암컷은 짝짓기의 부담이 크다. 따라서 이들 사이에 분명 무기 경쟁이 있을 것이다. 어떤 종의 짝짓기는 암컷에 피해를 입히는데, 빈대의 수컷은 암컷에게 외상을 입힐 정도로 과격한 짝짓기를 하고, 달팽이는 사랑의 화살을 발사하며, 초파리는 짝짓기의 성공 확률을 높이기 위해 유독한 정액을 주입한다. 이에 대응하여 암컷도 짝짓기의 대가를 찾으려고 노력하는데, 사마귀는 참으로 극단적이어서 짝짓기 도중에 수컷을 뜯어먹기까지 한다.

성은 위험할 수 있다.
사마귀 암컷은 짝짓기를 하면서 수컷의 머리를 뜯어먹으며,
달팽이는 구애 활동의 일부로 사랑의 화살을 발사한다.

근친교배 기피

INBREEDING AVOIDANCE

유성생식을 하는 종들 중에는 스스로 수정시킬 수 있는 것들이 있는데, 식물들은 자주 이런 방식으로 번식한다. 하지만 근친교배에는 대가가 따른다. 자가 수정을 하거나 가까운 친척과 교배할 경우 해로운 유전자를 두 배로 물려받을 가능성이 높으며, 그 결과 해로운 형질이 다른 유전자에 가려 숨겨지기보다 발현되기 쉽다. 또한 그 형질을 가진 개체가 상대적으로 늘어나면 개체군의 적응력이 전체적으로 떨어져서 근교약세가 초래된다. 그 유명한 예로는 유럽의 왕실 계보에서 찾을 수 있는데, 이들은 정치적인 이유로 근친결혼을 많이 했고, 그 결과로 기형과 질병이 친족들 사이에 널리 퍼졌다. 많은 종들은 근친교배의 가능성을 줄이기 위해 다양한 방법을 개발했다. 한 예로 자기부적합성이 형성된 식물의 경우 자신의 꽃가루로는 자신의 씨가 수정되지 않는다. 한편 동물은 이러한 자기부적합성보다 성적 행동을 제어하여 근친교배를 피하는 경우가 많다. 성편향 분산은 그 한 방식인데, 한쪽 성이 나고 자란 곳에 머물면 다른 쪽 성은 다른 곳으로 떠나 번식하는 경향을 보인다. 어떤 종들은 직접적인 신호를 활용한다. 생쥐는 유전자의 차이에 의해 소변에 내포된 단백질이 달라져서 냄새도 달라지는데, 이를 이용하여 생쥐들은 자신과 다른 냄새를 가진 생쥐들과 짝짓기를 함으로써 근친교배를 피한다.

30초 저자
마크 펠로즈

3초 준비
근친교배의 대가는 아주 비쌀 수 있다. 따라서 많은 종들은 가까운 친족과의 교배를 피하는 방향으로 진화했다.

3분 생각
논란이 많은 한 연구에 따르면 사람들은 자신과 냄새가 다른 사람을 좋아하는 경향이 있다고 한다. 이러한 냄새의 차이는 주요 조직적합 복합체 때문인데, 이는 세포 표면의 특성을 조절함으로써 면역 체계에서 중요한 역할을 한다. 흥미롭게도 피임약을 복용하는 여성은 자기와 비슷한 주요 조직적합 복합체를 가진 남성을 선호하는 반면 복용하지 않는 여성은 자신과 냄새가 다른 남자를 선호한다는 주장이 제기되어 있다.

합스부르크 왕가에는 근친결혼 때문에 주걱턱을 가진 사람들이 많았는데, 배경의 그림에 보이는 에스파냐의 카를로스 2세와 앞쪽의 신성로마제국 황제 카를 5세도 이를 타고났다.

인간과 진화

인간과 진화
용어해설

고인류학 화석으로 발견되는 옛 인류에 대해 연구하는 학문.

공복(拱腹, 스팬드럴) 본래는 건축 용어로서 아치와 기둥 및 들보 사이의 공간을 뜻하는데, 진화생물학에서 원용하여 적응에 따르는 부수적 효과였지만 차츰 그 나름대로 유용한 것이 되는 진화를 가리키는 용어로 쓰고 있다.

네안데르탈인 호모 사피엔스와 밀접한 사람족의 한 종으로 호모 네안데르탈엔시스(Homo neanderthalensis)라고도 부르며 겨우 2만 년에서 3만 년 전에 멸종한 것으로 보인다. 현대인에게 네안데르탈인의 DNA가 소량 섞인 점은 호모 사피엔스와 교배가 이루어진 증거로 여겨진다.

두 발 보행 두 뒷다리로만 걷기. 조류에서 가장 흔히 볼 수 있으며 공룡으로부터 물려받은 능력이다. 포유류의 경우 드물지만 인간의 특징적인 보행법이다.

미토콘드리아 DNA 분석 진핵세포의 발전소라고 불리는 미토콘드리아에서 발견되는 소량의 DNA로 사람의 경우 여기에 담긴 유전자는 37가지에 불과한데, 대부분의 종들에서 이 DNA는 어머니로부터 물려받는다. 미토콘드리아 DNA를 개체군 안에서 비교 분석하면 개체군이 시간에 따라 발전해온 과정을 알 수 있고, 종들 사이에서 비교 분석하면 공통의 조상으로부터 분화되어 나온 과정을 파헤칠 수 있다.

사람과(科) 대형 유인원류를 구성하는 영장류의 과(科, family)를 가리킨다. 현재 생존하고 있는 사람, 침팬지, 고릴라, 오랑우탄과 함께 이미 멸종했지만 침팬지보다 우리에게 가까운 종들도 포함한다.

사람족(族) 사람과에서 유전적으로 침팬지보다 인간에게 가까운 부류를 가리키는데, 현재 살아 있는 유일한 종은 호모 사피엔스(Homo sapiens)이다.

오스트랄로피테쿠스류 120만 년 전에서 400만 년 전 사이에 살았던 인류의 초기 조상. 오스트랄로피테쿠스(Australopithecus)와 파란트로푸스(Paranthropus) 속(屬, genus)을 포괄한다.

유전공학/합성선택 원하는 형질을 얻기 위해 생물의 유전자를 직접 변형하는 기술을 가리킨다. 인공선택은 유전자의 변형을 간접적으로 유도한다는 점에서 합성선택과 다르다.

유전자변형 GM 유전공학으로 유전자를 변화시켜 생물을 만드는 방법을 뜻한다. 이 과정에서 유전자를 더하거나 빼거나 수정한다. 엄밀히는 선택적 교배로 태어난 종들도 이에 해당하지만 일반적으로는 포함시키지 않는다.

인공선택 특정 형질을 증진시키기 위해 사람이 선택적으로 교배하는 행위. 가축과 재배 식물들은 많은 인공선택을 거쳐왔는데, 예컨대 개의 경우 단 하나의 종에서도 수많은 변이를 이끌어냈다.

직립원인(호모 에렉투스) 사람족의 한 종으로 약 14만 년 전에 멸종했다. 호모 에르가스테르(Homo ergaster)와 같은 종인지 확실치 않은데, 같다면 호모 사피엔스의 직접적 조상일 것으로 보인다.

프로콘술 약 1,400만 년 전에 멸종된 유인원의 속(屬, genus). 한때 대형 유인원류의 조상으로 여겨졌지만 현재는 부정적으로 보고 있다.

핵 DNA DNA 진핵세포의 핵에서 발견되는 DNA로 진핵생물들이 가진 DNA의 대부분을 차지하며, 다른 DNA에는 미토콘드리아 DNA와 엽록체 DNA가 있다.

호모 하빌리스 230만 년 전에서 140만 년 전 사이에 번성했던 사람족의 한 종. 사람속(Homo)의 모든 종들 가운데 현대인과 가장 적게 닮았지만 뇌의 크기가 비교적 크다는 점 때문에 대개 사람속으로 분류한다.

호모 하이델베르겐시스 적어도 60만 년 전부터 대략 20만 년 전까지 살았던 사람족의 한 종. 호모 사피엔스와 뇌의 크기가 비슷하다는 점에서 네안데르탈인과 현대인의 직접적 조상일 가능성이 높다고 본다.

조상과 연대

ANCESTORS & TIMESCALES

3초 인물 소개

루이스 리키
1903~1972
영국의 인류학자로 도구를 처음 사용했던 호모 하빌리스를 발견했다.

크리스 스트링거
1947~
영국의 인류학자로 인류가 아프리카에서 유래했다는 이론의 선도적 지지자 가운데 한 사람.

스반테 패보
1955~
스웨덴의 진화유전학자로 고유전학의 창시자 가운데 한 사람으로 알려져 있다.

**네안데르탈인,
호모 안테세소르,
호모 에렉투스,
호모 사피엔스의
머리뼈.
인류의 조상은
아프리카에서
나왔다.**

현생 인류 호모 사피엔스의 가장 오래된 조상으로서 다른 영장류와 분명히 구별되는 종은 아프리카에서 600~700만 년 전에 나타났다. 여기에는 오로린 투게넨시스(*Orrorin tugenensis*)와 사헬란트로푸스 차덴시스(*Sahelanthropus tchadensis*)의 두 종이 포함되며 모두 두 발로 걸었을 것으로 추정된다. 하지만 이 오스트랄로피테쿠스류들은 여전히 원숭이와 같은 긴 팔과 작은 뇌를 갖고 있었다. 그런데 약 400만 년 전에 뇌가 커지고 석기를 만들기 시작한 흔적이 보이며, 이 변화가 바로 우리 인간속인 호모(Homo)의 탄생을 알려주는 특징이다. 이후 약 180만 년 전에 호모 에렉투스는 사냥과 채취 생활을 채택하면서 아프리카와 아시아로 퍼져나갔다. 그리고 다음의 수십만 년 사이에 유럽에서는 네안데르탈인, 약 20만 년 전에는 아시아와 아프리카에서 호모 사피엔스에 속하는 데니소바인(Denisovan)이 진화했다. 이 마지막 종이 6만 년 전 무렵 아프리카에서 오스트레일리아로 건너갔고, 4만 년 전쯤에는 유럽, 1만 5,000년 전쯤에는 남아메리카까지 진출했다. 미토콘드리아 DNA 분석에 따르면 '미토콘드리아 이브'라고 부르는 현생 인류 모두의 어머니는 아프리카에서 나왔다. 핵 DNA의 분석 결과도 마찬가지인데, 도중에 네안데르탈인 및 데니소바인과의 교배가 이루어지기는 했지만 아무튼 현생 인류의 조상은 아프리카에서 나와 전 세계로 퍼지면서 각지에 살고 있던 다른 인류 종들을 몰아내고 정착하여 오늘에 이르렀다.

30초 저자

이사벨 드 그루트

3초 준비

현생 인류의 종 호모 사피엔스는 약 20만 년 전 아프리카에서 나타난 뒤 전 세계로 퍼져나가면서 각지에 살고 있던 다른 인류 종들을 몰아내고 정착했다.

3분 생각

현생 인류의 조상이 6만 년 전쯤에 아프리카에서 유럽으로 건너왔을 때 유럽에는 네안데르탈인들이 살고 있었다. 오늘날 유럽인의 DNA에 네안데르탈인의 DNA가 1~4퍼센트쯤 섞여 있다는 사실은 이 두 종들 사이에서 후손이 나왔음을 보여준다. 근래의 분석에 따르면 이 교배로 유럽 특유의 질병에 대한 면역력을 갖게 된 것은 다행이지만 반대로 낭창, 크론병, 쓸개즙 간경변증 등을 얻는 대가를 치르게 된 것으로 보인다.

인간과 원숭이의 도구 사용

TOOL USE BY HUMANS & OTHER APES

30초 저자
이사벨 드 그루트

3초 인물 소개

제인 구달
1934~
영국의 인류학자이자 영장류학자로 1960년에 침팬지가 막대기로 곤충을 묻혀내는 모습을 처음 관찰했다.

카렐 반 세이크
1953~
네덜란드의 영장류학자로 오랑우탄의 도구 사용을 처음 관찰했다.

사람과 원숭이 친척을 포함하는 사람과(科, hominid)에서 현생 인류를 구별하는 중요한 특징은 도구의 사용이다. 1964년 루이스 리키가 '도구를 사용하는 사람'이라 뜻의 호모 하빌리스를 발견한 이래 도구의 사용은 초기 인류와 다른 원숭이 친척들을 구별하는 신성한 징표처럼 간주되었다. 이후 과학자들은 인간과 사람과의 다른 부류들에 있어 도구의 사용이 얼마나 큰 중요성을 갖는지를 더욱 많이 연구하게 되었다. 그런데 침팬지도 도구를 가장 많이 사용하는 부류의 하나다. 침팬지는 창 비슷한 무기로 사냥하고, 견과류를 깨는 데에 돌을 쓰며, 개미와 벌레와 꿀을 묻혀내는 데에 각각 다른 막대기를 사용한다. 오랑우탄도 가시가 달린 과일을 깔 때 막대기를 쓰고, 가시로부터 손을 보호하기 위해 나뭇잎을 이용한다. 고릴라는 물을 건널 때 깊이를 가늠하기 위해 막대기를 쓰고, 물속에서 걸을 때는 지팡이로 활용한다. 이런 관찰들에 따르면 도구의 사용은 인류가 진화하기 훨씬 전부터 시작되었으며 공통의 조상들 사이에 1,200만 년 이상 이어져왔던 것으로 보인다. 하지만 그럼에도 도구의 혁신적인 발전은 인간에게서만 볼 수 있다. 우리는 기능적으로는 물론 미적으로도 도구의 디자인을 끊임없이 개선해왔다.

3초 준비
도구 사용은 인간 고유의 특징으로 여겨져왔다. 하지만 원숭이에 대한 연구가 깊어짐에 따라 이런 구별은 차츰 모호해지고 있다.

3분 생각
초기 인류가 점점 더 복잡한 도구를 사용하게 되었다는 것은 물질적으로 점점 더 풍족해졌다는 사실을 뜻한다. 사냥과 채취에서 도구를 사용하여 더 많은 수확을 얻어 스스로 생산하기 어려운 다른 사람들을 도울 수 있게 되었다는 점은 초기 인류 사회를 변화시키는 데 중요한 요소로 작용했다. 또한 인간속(Homo)의 신생아가 갈수록 더 어린 상태로 태어나도록 진화했으므로 유아와 여자들에 대해 더욱 많은 보살핌이 요구되었다. 그리하여 도구의 사용은 인간의 생물학적 진화뿐 아니라 문화적 진화에도 큰 영향을 끼쳤다.

우리 자신 이외의 영장류 친족들 가운데 침팬지는 도구의 제작과 사용에 사뭇 능숙한데, 특히 가늘고 긴 막대를 잘 다룬다.

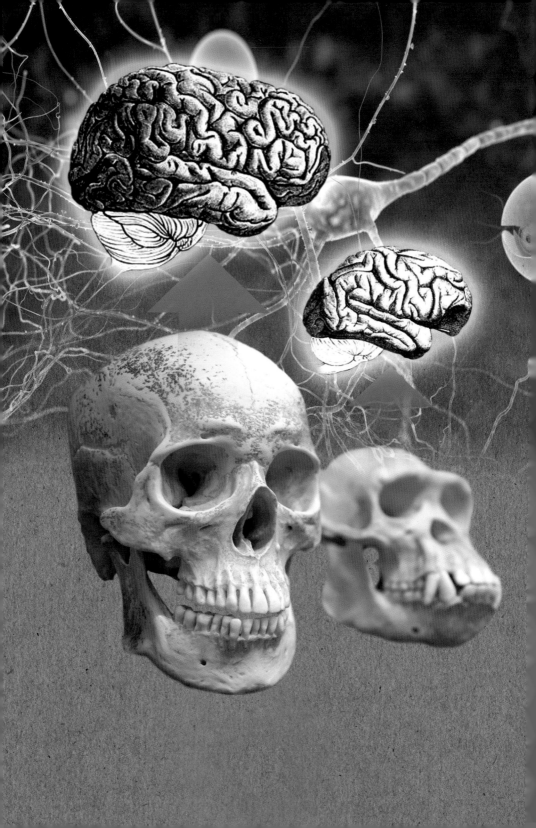

뇌의 진화

EVOLUTION OF THE BRAIN

30초 저자
크리스 벤디티

3초 인물 소개
해리 제리슨
1928~
미국의 정신의학자이자 행동과학자로 고대신경학의 선구자이며 1970년대 초에 대뇌화 지수를 개발했다.

인간의 뇌는 예외적으로 크다. 인간은 약 600만 년 전 공통의 조상으로부터 침팬지와 갈라선 이래 뇌의 크기를 전례 없이 키워왔다. 뇌의 평균 무게가 사람은 약 1.3킬로그램임에 비해 침팬지는 500그램도 되지 않는다. 인간의 계보에 대해서는 화석 자료가 풍부하므로 이를 이용하여 지난 400만 년쯤에 걸쳐 커진 뇌의 역사를 추적할 수 있다. 그런 연구에 따르면 초기 인류 가운데 하나인 오스트랄로피테쿠스류의 뇌 크기는 오늘날의 침팬지와 비슷하다. 하지만 150만 년 전의 호모 에렉투스에 이르면 뇌의 크기가 2배로 늘어난다. 그리고 이후 현대에 이르도록 이처럼 놀라운 속도가 지속되었고, 몇 만 년 전에 유럽에 살았던 네안데르탈인의 가장 큰 뇌는 무려 1.5킬로그램이나 되었다. 그런데 인간의 뛰어난 인지 능력은 분명 이 커다란 뇌의 덕분으로 보이지만 뇌가 이처럼 크게 진화하게 된 이유에 대해서는 아직도 치열한 논쟁이 펼쳐지고 있다. 그중 비교적 많은 지지를 받는 주장으로는 언어의 등장, 도구의 생산, 사회적 조직에서의 삶 때문이란 것들이 있는데, 어떤 사람은 더 많은 이익을 얻기 위해 타인을 속이는 기술이 발달했기 때문이라고 주장하기도 한다.

3초 준비
인간은 커다란 뇌 덕분에 영특하다. 하지만 왜 이렇게 진화했는지를 정확히 밝혀낼 정도로 영특하지는 않은 것 같다.

3분 생각
뇌는 여러 부분으로 이루어진 복잡한 기관이다. 이 부분들은 서로 연결되어 있으면서도 각기 다른 기능을 수행한다. 예컨대 소뇌는 운동에 중요하고 전두엽은 기억과 판단에 관여한다. 이 부분들의 크기를 다른 포유류들과 비교하면 우리 뇌의 진화에 중요한 요소들을 이해하는 데 도움이 될 것이다.

어떤 과학자들은 기후 변화가 뇌를 키우는 한 요소였다고 주장하는데, 아무튼 인류는 끊임없이 변하는 불안정한 환경에 맞서기 위해 큰 뇌를 필요로 했다.

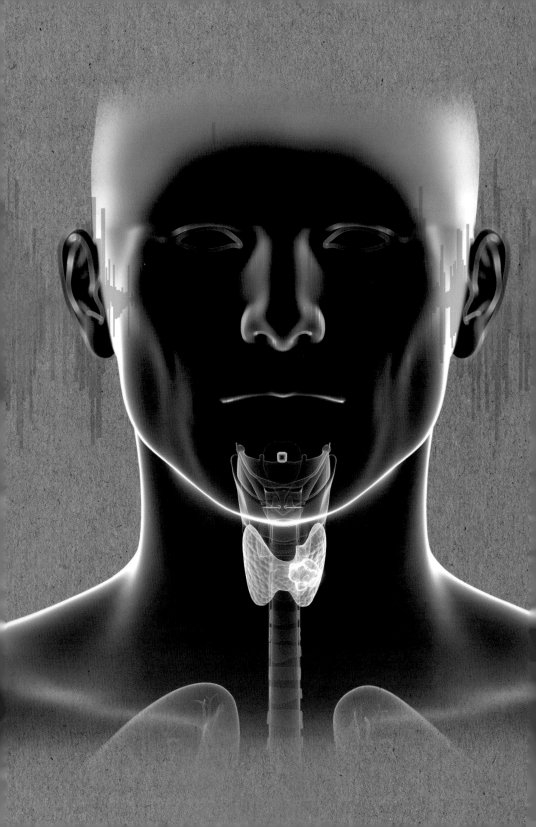

인류 언어의 진화

EVOLUTION OF HUMAN LANGUAGE

30초 저자
이사벨 드 그루트

3초 인물 소개

필립 리버만
1934~
미국의 언어학자로 연구 분야는 언어의 생물학적 진화이다.

수 새비지 럼버그
1946~
미국의 영장류학자로 연구 분야는 원숭이의 언어 능력이다.

윌리엄 테컴스 피치
1963~
미국의 진화생물학자로 연구 분야는 인간과 다른 동물들의 인지와 소통 능력이다.

언어의 진화에 대한 초기 연구는 상징의 체계와 복잡한 언어를 배워야 할 필요성을 이해하는 데에 초점을 맞추었다. 하지만 최근의 연구는 언어의 발전 과정에서 상징적 사고의 진화보다 더 기초적으로 요구되는 것들이 많다는 사실을 밝혀냈다. 언어가 존재하려면 무엇보다 인간은 말하고 듣는 능력부터 갖추어야 한다. 말하기와 관련된 해부학적 변화에 대한 최초의 증거는 호모 에렉투스의 등뼈가 커진 것을 들 수 있는데, 이 덕분에 호흡을 조절하여 연속된 말을 할 수 있게 되었다. 또 다른 변화는 네안데르탈인의 설골에서 나타나며, 혀를 지지하는 이 뼈는 이때 이미 현대인의 것과 같이 반원형의 모습을 갖추게 되었다. 따라서 현대인의 것과 비슷한 발성 기관이 적어도 45만 년 전에 존재했다고 추정된다. 청각 기관도 때맞추어 진화했는데, 인간은 4,000헤르츠 부근의 소리를 들을 수 있는 유일한 영장류이다. 이 진동수 언저리는 단어의 의미를 담는 데에 중요한 다수의 조용한 자음의 발음에 필요하다. 내이의 구조에 관한 화석 자료의 연구에 따르면 이 조용한 자음들을 들을 수 있는 능력은 약 100만 년 전까지 거슬러 올라가 호모 하이델베르겐시스의 시대부터 진화된 것으로 보인다.

3초 준비
인류의 언어는 갈수록 복잡해지는 인간 사회에 적응하는 과정에서 진화해 왔다. 하지만 말하고 들은 것들을 이해하지 못한다면 언어는 공허한 울림에 불과하다.

3분 생각
6,000가지에 이르는 인류의 언어는 어디에서 왔을까? 인류의 조상들은 말하기와 듣기와 뇌의 조직을 통해 복잡한 언어를 개발했고, 전 세계로 퍼져나가면서 새로운 환경과 도전을 극복하기 위해 단어와 의미와 문법을 끊임없이 발전시켰다. 오늘날 전 세계의 언어 다양성은 감소하고 있지만 인류는 말하고 싶은 것은 어떻게든 표현할 방법을 찾아내왔다.

우리 조상들은 말하고 듣기에 필요한 신체의 기관들부터 진화시켜야 했다.

진화심리학

EVOLUTIONARY PSYCHOLOGY

30초 저자
브라이언 클레그

3초 인물 소개
허버트 스펜서
1820~1903
영국의 철학자로 '적자생존
(survival of the fittest)'이
란 문구를 처음 사용했다.

로버트 트리버스
1943~
미국의 생물학자로 진화
심리학을 널리 알리는 데
에 기여했다.

진화론은 본래 생물의 신체적 특성을 설명하기 위해 연구되었다. 하지만 겉으로 명확히 드러나는 눈이나 날개 등의 발달 못지않게 심리적 경향이나 성적 선호도 자연선택의 영향을 받는다고 보는 것을 부정할 이유는 없을 것이다. 그래서 많은 심리학자들은 마음이란 것도 본질적으로는 신체적 기관들과 다를 것 없이 어떤 가상적인 원형으로부터 생성되었으며, 이후 자연선택과 성선택 등의 압력을 받으면서 진화해왔으리라고 믿는다. 다윈은 이렇게 썼다. "나는 장차 훨씬 중요한 연구 분야가 열리리라고 본다. 심리학은 앞으로 허버트 스펜서가 이미 마련한 토대 위에 확고히 서게 될 텐데, 이는 각 정신적 가능성과 역량의 등급을 매기는 데에 필요한 요건이다." 진화심리학이 본격적으로 등장하게 된 데에는 로버트 트리버스의 상호주의 개념이 큰 역할을 했는데, 이는 즉각적인 맞대응에 근거한 행동 원리이다. 또한 동물의 행동과 사회적 반응을 진화론과 결합한 에드워드 윌슨의 연구도 중요하며, 이 덕분에 진화심리학은 독립적인 학문으로 인정받게 되었다. 빌 해밀턴은 유전자가 진화와 행동의 원동력으로서 개인의 유전자를 긴밀한 관계 속에서 살아남도록 하는 데에 도움을 준다고 말했는데, 위의 연구들은 해밀턴의 견해와 선택적으로 보완해갈 것으로 보인다.

3초 준비
진화심리학적 측면의 숙고는 다윈 시대까지 거슬러 올라간다. 하지만 정식 학문으로 떠오른 것은 1970년대의 일이며, 진화가 인간 행동에 어떤 통찰을 제시할 수 있는지를 연구한다.

3분 생각
언어는 심리학적 적응의 한 예다. 사람이 어떤 체계적인 훈련을 받지 않고도 말하기를 보편적으로 습득하는 현상의 배경에는 진화적 능력이 깔려 있는 것으로 보인다. 그런데 이러한 언어 능력에 관여하는 유전자를 찾는 연구는 약간의 성과를 거두기는 했지만 이른바 '언어 유전자'를 정확히 꼬집어내려는 시도는 모두 실패로 돌아갔다. 한편 이런 관점에 의문을 제기하는 심리학자들도 있는데, 이들은 언어가 다른 어떤 적응의 우연적이면서도 유익한 부산물이라고 한다.

우리의 생각과 마음의 작용이 발전해온 과정에서
자연선택은 어떤 역할을 했을까?

1903년 8월 7일
루이스 리키(Louis Leakey)가
현재 아프리카의 케냐에 속하는
지역에서 출생

1913년 2월 6일
메리 니콜(Mary Nicol)이
런던에서 출생

1928년
루이스가 첫 아내 프리다(Frida)
와 결혼하다

1931년
루이스가 아프리카 탄자니아의
올두바이(Olduvai)로 첫 탐사를
떠나다

1933년 12월 13일
콜린 리키(Colin Leakey)가
케임브리지에서 출생

1934년
루이스와 프리다가 헤어지다

1936년
루이스와 메리가 결혼하다

1940년 11월 4일
조너선 리키(Jonathan Leakey)
가 나이로비에서 출생

1942년 7월 28일
미브 엡스(Meave Epps)가
런던에서 출생

1944년 12월 19일
리처드 리키(Richard Leakey)
가 나이로비에서 출생

1948년
메리가 프로콘술(Proconsul)의
머리뼈를 발견하다

1952년
올두바이에서 처음으로 대량
발굴이 이루어지다

1959년
진잔트로푸스(Zinjanthropus)의
머리뼈가 발견되다

1972년 3월 21일
루이즈 리키(Louise Leakey)가
나이로비에서 출생

1972년 10월 1일
루이스 리키(Louis Leakey)가
나이로비에서 사망

1978년
메리가 라에톨리(Laetoli)의
발자국 유적을 발굴하다

1996년 12월 9일
메리 리키가 런던에서 사망

1999년
미브의 팀이 케냐의 투르카나호
(Lake Turkana)에서 350만 년
전의 머리뼈를 발견하다

리키 가문

과학은 때로 왕조를 배출한다. 예컨대 아버지 윌리엄 브래그와 아들 로렌스 브래그는 공동으로 노벨 물리학상을 받았다. 하지만 더 독특한 왕조로는 리키 가문을 들 수 있으며 그 위용은 다음과 같다. 고인류학자 루이스 리키와 아내 메리, 아들로서 식물학자인 콜린과 고인류학자인 리처드와 조녀선, 리처드의 아내로 고인류학자인 미브, 그리고 리처드와 미브의 딸로서 고생물학자인 루이즈. 리키 가문의 활동은 과학에만 머물지 않았다. 루이스는 1920년대 말 케냐 키쿠야 부족의 정치에 관여했고, 리처드는 1995년 사피나(Safina)라고 부르는 정당을 결성하여 케냐의 관방장관 직책을 맡기도 했으며, 조녀선은 잠시 고인류학에 발을 담근 뒤 뱀독을 취급하는 회사를 경영했다. 하지만 리키 가문의 주요 관심사는 언제나 사람과(科)의 유적지에서 인류의 기원을 밝히는 것이었다. 그리하여 이들의 전체적 업적은 인류가 아프리카에서 진화되어나왔다는 사실에 대한 우리의 이해를 넓히는 데 크나큰 기여를 했다.

리키 가문이 주로 탄자니아 세렝게티 부근의 올두바이협곡과 케냐 투르카나호에서 발굴한 수많은 화석들은 인류가 아프리카에서 처음 진화되어나왔다는 사실을 확증하는 데 핵심적 역할을 했다. 이들이 발견한 초기의 석기는 몇 킬로미터 이상 떨어진 곳의 돌을 다듬어 만든 것이어서 그 제작자의 정신적 능력이 이미 상당한 수준에 이르렀음을 알려준다. 메리는 오늘날 파란트로푸스라고 부르는 진잔트로푸스의 유적을 발굴했는데, 그 시기는 175만 년 전 무렵이어서 그때까지 인정되었던 인류 진화의 시간을 새로이 조정해야 했다. 얼마 뒤 조녀선은 나중에 호모 하빌리스라고 불리게 된 종의 화석파편을 처음 발굴했고 논란의 여지는 있지만 사람속(Homo)의 한 종으로 분류되고 있다.

화석 연구를 넘어 루이스는 영장류학 분야의 세계적인 선구자 세 사람의 앞길을 열어주기도 했다. 제인 구달과 다이앤 포시와 비루테 갈디카스가 그들인데, 이는 루이스가 보기에 대형 유인원류가 서식하는 환경이 인류와 대형 유인원류의 공통 조상일 수도 있는 프로콘술의 서식 환경이 닮았을 것으로 여겨졌기 때문이었다. 프로콘술은 아서 호프우드가 루이스와 함께 일하면서 최초로 밝혀낸 영장류의 속으로 연대가 2,000만 년 전까지 거슬러 올라가며, 그 머리뼈는 1948년 5월에 처음 발굴되었다.

루이스의 말년에 이르러 메리와 전문적인 내용의 논쟁이 벌어졌다. 이는 주로 아메리카에 인간이 처음 온 시기가 그때까지 알려진 것보다 10만 년쯤 더 앞선다는 루이스의 이론에 관해서였다. 메리는 1972년 루이스가 숨을 거둔 뒤에도 연구를 계속했고, 대표적인 탁월한 성과로는 1978년 올두바이로부터 45킬로미터쯤 떨어진 곳에서 발굴한 라에톨리의 발자국 유적을 들 수 있다. 세 개체의 이동에 의해 형성된 이 발자국은 약 360만 년 전의 것으로 화산재에 덮여 보존되었는데, 당시로서는 사람과(科)의 두 발 보행을 알려주는 가장 오래된 증거였다. 현재 미브와 딸 루이즈는 리키 가문의 60년 전통을 이어받아 케냐에서 고생물학 연구를 계속하고 있다.

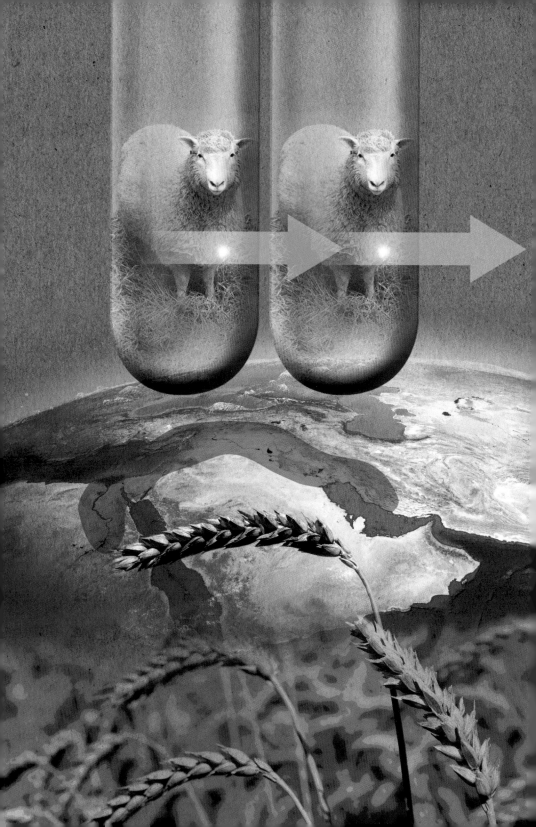

진화를 유발하는 인류

HUMANS CAUSING EVOLUTION

30초 저자
이사벨 드 그루트

관련 주제
인류의 진화와 미래
155쪽

3초 인물 소개
다니엘 조하리
1926~
이스라엘의 식물학자로 비옥한 초승달 지대에서 야생 곡물과 재배 곡물들의 유전다양성을 연구했다.

고든 힐먼
영국의 고식물학자로 선사시대의 재배와 식물의 작물화에 대해 연구했다.

모든 생물은 변하는 환경에 맞추어 적응하며, 이로써 자연선택(natural selection)에 의한 진화가 이루어진다. 그러나 최근의 약 1만 년 사이에 새로운 선택, 곧 인간선택(human selection)이 등장했다. 이 기간에 인류는 삶의 방식을 사냥과 채취에서 농경을 기반으로 하는 정착 생활로 바꾸었다. 이 변화의 핵심 요소는 바로 선택인데, 이를 통해 사람들은 열매가 커서 최대의 수확을 낳는 작물을 골라 키워 오늘날의 쌀과 밀을 얻어냈고, 가축들도 더 크고 더 생산적인 종이 되도록 유도했다. 이처럼 동식물을 작물화 및 가축화하는 과정에서 또 하나 배운 것은 교배이며, 이를 통해 사람들은 종들을 교차 교배하여 원하는 특성을 가진 후손들을 얻어내기도 했다. 처음에는 음식을 풍부하게 얻는 게 인공선택의 주된 목적이었지만 최근에는 생물연료(biofuel)나 약품을 생산하려는 목적도 부각되고 있다. 이와 같이 인류는 인공선택의 주체가 되어 경쟁 요소인 자연선택과 더불어 중요한 진화의 원동력이 되었다. 하지만 인류가 환경을 바꾸고 재구성하는 동안 뜻밖의 진화가 일어나 우리를 위협하는 종들이 나타나기도 한다. 그 대표적 예들로는 항생제가 잘 듣지 않는 세균, 제초제에 저항하는 식물, 살충제와 살서제에 잘 죽지 않는 곤충과 설치류 등을 들 수 있다.

3초 준비
자연선택은 수백만 년이 넘도록 작용하면서 생물계에 생물다양성을 만들어낸다. 하지만 인류는 겨우 수천 년 사이에 아주 강력한 존재로 발전하여 진화적 변화를 유발할 수 있는 중요한 요소로 떠올랐다.

3분 생각
사람이 작물과 가축에서 이끌어낸 결과들을 보면 우리가 인공선택을 통해 무엇을 할 수 있는지 알 수 있다. 최근 수십 년 사이에 우리는 실험실에서 관계가 없는 종들 사이에 유전자를 옮겨 새로운 종을 만들어내는 방식으로 진화의 가능성을 확장했다. 따라서 미래에는 실험실에서 만들어낸 종과 인공선택으로 얻어진 종과 자연선택이 빚어낸 종들이 서로 만나 새롭고도 예측할 수 없는 종들이 출현할 것으로 여겨진다.

최초의 농부들에 의해 인간이 유발하는 진화가 시작되었고, 오늘날에는 많은 방법에 의해 유전자변형 작물과 복제동물을 포함하는 다양한 종들이 개발되고 있다.

인류의 진화와 미래

HUMAN EVOLUTION: THE FUTURE

관련 주제
진화를 유발하는 인류
153쪽

세계 인구는 매분 100명 이상 늘어나고 있다. 그리고 이 엄청난 변화에 따라 지구상의 모든 게 많은 영향을 받고 있으며 인류 자신의 진화도 마찬가지다. 최근에 나타난 인간 진화의 한 예를 보자. 어떤 어른들은 우유를 소화할 수 있는 능력을 갖고 있는데, 이는 정상적으로는 유아기에 젖을 떼면 젖당분해효소의 생산 스위치를 끄는 유전자에 변이가 일어나 생긴 결과이다. 이 변이는 약 1만 년 전에 유럽의 작은 집단에서 나타났으며, 이렇게 얻어진 유전자를 가진 사람들은 새로이 가축화된 소의 풍부한 젖을 마음껏 먹을 수 있어서 생존경쟁에 유리했고, 그 결과 이 유전자는 연관된 집단들을 통해 빠르게 확산되었다. 이 진화는 오늘날 같으면 일어나지 않았을 것이다. 진화는 본래 고립된 작은 집단에 의존하기 때문이라는 게 그 이유인데, 오늘날에는 사회적 교류가 아주 활발하므로 어느 지역에서 어느 정도의 세월을 거쳐 발생한 변이가 제대로 자리 잡기 전에 희석되어 사라져버리기 쉽다. 반면 오늘날 우리는 유전공학 기술이라는 심각한 도전에 직면해 있다. 만일 이를 널리 허용한다면 부모들은 자식들의 유전적 운명을 마음대로 선택 및 결정하려 할 것이다. 지금까지의 인류는 자연선택의 경이로운 산물이었지만 앞으로의 인류는 다윈이 상정했던 경계를 넘어 미지의 신세계로 나아가게 될 것이다.

30초 저자
마크 펠로즈
니콜라스 배티

3초 준비
인류는 자연선택에 의한 진화로 나타났는데, 배양에 의한 진화로 완성될 것 같다.

3분 생각
사람도 옛날에는 유전적으로 불리한 소인을 타고나면 자연선택에 의해 도태되는 경우가 많았지만 이제는 과학의 발달로 많이 살아남으므로 해로운 유전자들도 유전자풀에서 잘 제거되지 않는다. 그렇다면 과연 2050년 무렵에는 90억의 인류가 이제껏 볼 수 없었던 고도의 유전 다양성을 품고 살아가게 될까?

앞으로 인류는 어떻게 진화할까?
자연선택과 적자생존의 굴레를 벗어나 배양으로 조성된
유전자풀을 활용하는 합성선택으로 진화할까?

부록

참고자료

단행본

99% Ape: How Evolution Adds Up
Jonathan Silvertown
(Natural History Museum, 2008)

*The 10,000 Year Explosion: How
    Civilization Accelerated Human Evolution*
Gregory Cochran & Henry Harpending
(Basic Books, 2011)

*Chimpanzee Material Culture: Implications
    for Human Evolution*
William Clement McGrew
(Cambridge University Press, 1992)

Darwin's Dangerous Idea
Daniel C. Dennett
(Penguin, 1996)

*The Darwinian Revolution: Science Red
    in Tooth and Claw*
Michael Ruse
(University of Chicago Press, 1999)

Evolution: The History of an Idea
Peter J. Bowler
(University of California Press, 2009)

*Female Control: Sexual Selection by
    Cryptic Female Choice*
William G. Eberhard
(Princeton University Press, 1996)

*The Human Story: Where we Come From and
    How we Evolved*
Charles Lockwood
(Natural History Museum, 2013)

*Lone Survivors: How we Came to be the Only
    Humans on Earth*
Chris Stringer
(Griffin, 2013)

*Nature's Nether Regions: What the Sex Lives
    of Bugs, Birds and Beasts Tell Us About
    Evolution, Biodiversity and Ourselves*
Menno Schilthuizen
(Penguin, 2015)

The Selfish Gene (30th anniversary edn.)
Richard Dawkins
(Oxford University Press, 2006)

*Sexual Selection and the Origins of Human
    Mating Systems*
Alan F. Dixson
(Oxford University Press, 2009)

Sexual Selections: What We Can and Can't Learn about Sex from Animals
Marlene Zuk
(University of California Press, 2003)

The Story of the Human Body: Evolution, Health and Disease
Daniel Lieberman
(Vintage Books, 2014)

Tool Use in Animals: Cognition and Ecology
Crickette Sanz, Josep Call & Christophe Boesch
(Cambridge University Press, 2013)

Why Evolution is True
Jerry Coyne
(Oxford University Press, 2010)

웹사이트

www.newscientist.com/topic/evolution
진화의 소개와 현대의 발견 및 이론에
이르기까지 진화의 모든 분야를 망라하는
자료들을 갖추고 있다.

darwin200.christs.cam.ac.uk
찰스 다윈의 생애와 업적과 후세에 끼친
영향을 기리는 케임브리지대학교의 웹사이트.

www.nhm.ac.uk/nature-online/evolution/
how-did-evol-theory-develop/
런던 자연사박물관의 웹사이트로 진화론의
발전 과정을 소개하고 있다.

www.humanorigins.si.edu
스미스소니언 국립자연사박물관의 웹사이트로
인류의 기원을 밝히려는 과학적 탐사에서
얻은 최근의 발견과 암시들에 대한 자료들을
소개하고 있다.

https://genographic.nationalgeographic.com
지노그래픽 프로젝트(The Genographic
Project)는 내셔널지오그래픽의 주재 탐사가인
스펜서 웰스 박사가 주관하는 다년간의
장기 연구이다. 주된 목표는 전 세계의
자원자들로부터 얻은 DNA의 역사적 패턴을
분석하여 인류의 유전적 기원에 대한 이해를
높이는 데 있다.

집필진 소개

벤 뉴먼 세 대륙에 걸쳐 치명적인 바이러스를 연구해왔는데, 그 과정에서 아마 살아 있는 어떤 사람보다 더 많은 사스(SARS) 바이러스를 배양했을 것이다. 현재 리딩대학교의 실험실에서 아직 초보적 단계이지만 흥미진진하면서도 신비로운 생명의 메커니즘을 조작하고 있으며, 최초의 동물화석에 대해서도 연구하고 있다. 바이러스가 어떻게 진화하고 어떻게 살아가는지에 대한 연구를 통해 30편이 넘는 논문을 펴냈다.

이사벨 드 그루트 리버풀에 있는 존무어스대학교의 수석 강사 및 런던에 있는 자연사박물관의 과학연구원으로 일하고 있다. 네안데르탈인의 팔다리뼈에서 영국 초기 정착인의 발자국 등에 걸쳐 인간의 진화에 관한 논문들을 발표했다. 또한 BBC 포커스 저널에 대중적인 글들을 발표하고 인간의 진화를 다루는 여러 텔레비전 다큐멘터리 프로그램의 과학적 자문도 하고 있다.

니콜라스 배티 리딩대학교 식물개발학과 교수로 순수 및 응용 식물학에 관한 논문들을 많이 펴냈다. 생물학의 역사에 깊은 흥미를 갖고 있으며,『생물학적 다양성: 빼앗는 자와 뺏기는 자』의 공동 저자이다. 그는 웨일스대학교에서 식물학을 전공했고 에든버러대학교에서 식물개발학의 박사학위를 받았으며, 현재 생물과학대학의 생태 및 진화생물 학과의 학과장을 맡고 있다.

크리스 벤디티 리딩대학교에서 진화생물학을 연구하고 있다. 지질학적 시간 규모에서 일어나는 진화의 거시적 패턴을 찾는 데 관심을 갖고 있으며, 여기에는 분자 서열과 화석 기록 등의 다양한 자료가 이용된다. 종분화, 분자적 진화, 표현형 진화, 적응 등에 대한 과학 논문들을 발표했다.

루이즈 존슨 리딩대학교에서 집단유전학을 강의하고 있으며 성, 유전 암호, 유전자 조절계, 암 등에 걸친 유전 체계의 진화를 연구하고 있다. "열린 실험실 2006(Open Laboratory 2006)"에 기고하며 과학 지식의 소통을 시작한 이후, 웰컴 트러스트의 대외 교육 프로그램 "나는 과학자이다"에 참여하며 활동을 이어오고 있다. 2014년에는 런던에서 열린 ZSL-로레알의 소프박스 사이언스 전시회에서 초청 연사로 강연했다.

브라이언 클레그 케임브리지대학에서 실험 물리학을 중심으로 자연과학을 두루 연구하고 있다. 브리티시항공에 첨단 기술의 해법을 제공하고 창의성 전문가 에드워드 드 보노(Edward de Bono)와 함께 일한 뒤 창의성 자문단을 구성하여 BBC로부터 기상청에 이르는 다양한 고객들에게 자문하는 업무를 맡고 있다. 《네이처》, 《타임스》, 《월스트리트 저널》 등에 기고하고 옥스퍼드대학교와 케임브리지대학교 및 왕립학회에서 강연을 해왔다. 또한 www.popularscience.co.uk에서 서평을 담당하면서 『무한의 간략한 역사(A Brief History of Infinity)』와 『타임머신 만들기 (How to Build a Time Machine)』 등의 책들도 펴냈다.

마크 펠로즈 리딩대학교의 생태학 교수. 그의 연구 영역은 광범위하여 곤충이 천적에 대한 저항성을 진화시키는 과정과 도시에서 대량으로 살 수 있게 된 원인 및 야생 생물의 다양성 등에 두루 미치고 있다. 『곤충의 진화 생태학(Insect Evolutionary Ecology)』의 수석 편집자로, 런던의 임페리얼 칼리지에서 동물학을 전공했고 박사학위는 진화생물학으로 받았다. 이후 리딩대학교로 옮겨와 현재는 생명과학대학의 학과장을 맡고 있다.

줄리 호킨스 런던대학교의 킹스 칼리지, 버밍엄대학교, 옥스퍼드대학교, 케이프타운대학교 등을 거쳐 현재 리딩대학교의 교수로 식물 계통학과 진화를 담당하고 있다. 전문가들의 검토를 거친 논문을 40편 이상 발표했는데, 선인장의 보존에서 꽃 모양의 수렴진화에 이르는 주제들을 다루었다. 상동의 정의에 대해 특별한 관심을 갖고 있으며, 열정적인 소통가로서 자신의 역할이 충분히 만족스럽다는 점을 알리기를 좋아한다.

도판자료 제공에 대한 감사의 글

이 책에 실린 그림들의 사용을 친절히 허락해준 아래 개인과 기관들에 감사한다. 우리는 그림 사용을 허락받기 위해 최선을 다했지만, 뜻하지 않게 누락한 경우가 있다면 양해를 구한다.

따로 언급하지 않는 모든 그림은 Shutterstock, Inc./www.shutterstock.com과 Clipart Images/www.clipart.com에서 제공해주었다.

David Scharf/Science Photo Library: 48쪽.
Martin Shields/Science Photo Library: 62쪽.
Bettmann/Corbis: 64쪽.
Dr Marli Miller/Visuals Unlimited, Inc./Science Photo Library: 92쪽.
The Natural History Museum/Alamy: 102쪽.
James King Holmes/Science Photo Library: 132쪽.
Stock Connection Blue/Alamy: 128쪽.
Bettmann/Corbis: 150쪽.
Getty Images/Handout: 152쪽.
David Gifford/Science Photo Library: 154쪽.

찾아보기

개념 잡는 비주얼
진화책

1판 1쇄 찍음 2017년 12월 28일
1판 1쇄 펴냄 2018년 1월 10일

지은이 니콜라스 배터, 마크 펠로즈 외 6인
옮긴이 고중숙

주간 김현숙
편집 변효현, 김주희
디자인 이현정, 전미혜
영업 백국현, 도진호
관리 김옥연

펴낸곳 궁리출판
펴낸이 이갑수

등록 1999년 3월 29일 제300-2004-162호
주소 10881 경기도 파주시 회동길 325-12
전화 031-955-9818 | **팩스** 031-955-9848
홈페이지 www.kungree.com | **전자우편** kungree@kungree.com
페이스북 /kungreepress | **트위터** @kungreepress

ⓒ 궁리, 2018.

ISBN 978-89-5820-505-0 03470
ISBN 978-89-5820-299-8 03400(세트)

값 13,000원

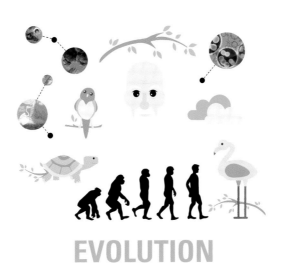

EVOLUTION